极简主义设计 2

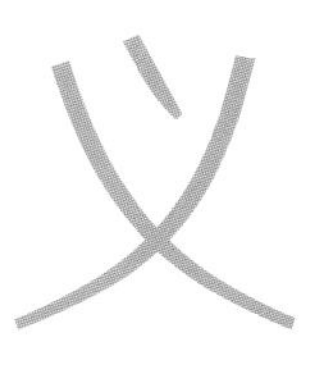

先锋空间 编

華中科技大學出版社
http://www.hustp.com
中国 · 武汉

撰文：水相设计 李智翔

减法设计
——保持设计的本真想象和纯粹性

若问如何论述“简约主义”，我选择以俄国艺术家Kazimir Malevich《white on white》的画作为读者提供答案：“抽离一切色彩情绪，纯粹强调对象的造型与触感，体现抽象主义中的极简精神。”作为单色绘画（Monochrome Painting）的先驱，艺术家Kazimir Malevich在《white on white》画作中，在纯白一片的中央，绘制另一个白色几何方块，整幅绘画呈现出的是一缕回归到最低限度的虚无精神。若以此对照空间设计，将设计感降到最低，让空间卸下华服后回归平静，犹如单色般纯净、简单与低调的存在。

《white on white》
俄罗斯 - Kazimir Malevich - 1918

序言

因为设计过程与结果是难以预知的，所以必须尝试所有的可能，唯有持续的绘制，从众多的版本中找到最后的答案。我认为简约的设计不是刻意的工整，如同图面中有的画作线条不是用尺子画出来的，若保有一点“自然线条”，则更能接近设计师想表达的空间，因此“约略性质”在设计过程是应当保有对美感的信念。

德国哲学家 Karl Straus 曾说：“设计不是在寻找出一个解决方法，而是在解决中给予一个谜。一个吸引人的空间。”我将此解释为两种空间：“沉淀”与“想象”的空间。沉淀是因为我不希望采用“开宗明义”的设计手法，我希望的作品是生活在此空间中一段时间，一个月、一年甚至十年，让时间沉淀过后对于空间有不同的解释与感情。想象的空间则说明不做“一目了然”的设计，空间使用者可以自己寻找答案，找到属于自己的剧本。就像艺术评论家用不同的视角阐述画作，试着传达一种意想不到的信息，有时使用者比我们更早找到答案。

Louis Kahn 曾如此描述 Carlo Scarpa 的作品：“Beauty——美丽、Art——艺术、Wonder——奇幻，The Inner Realization Of Form——对于形体内在的彻底表现。”简单几字的陈述，就是我想创造的空间所具备的元素。

一、美丽——她必须是好看的，迷人的线条、精准的比例，是我们对于简约的定义。

二、艺术——我们可能无法创造艺术，但我们善于转化艺术的能量。将线条、比例、构图运用到我们的空间中。

三、幽默——是我尝试的方法之一，赋予空间“拟物化”，是我对“奇幻”的另一种解释。就像装置艺术，大型的装置艺术利用夸张的比例，数量的聚集性再组合去挑战人们既定的印象思维，使观者对既有的平凡事物重新思考。

四、细节——如 Scarpa 所言，就是对自然的尊崇。钻研细节的同时，会发现造物者对设计万物的启发。

我时常从画作出发，给予线条、比例的灵感。我们可以说，设计是跨领域的，涵盖艺术创作、工业产品设计、建筑设计等，必须跳脱传统空间思维去尝试实验各种可能。我认为简约设计的设计哲学应是：保持纯净，但不能过于简单；准确执行，但不能过于工整；掌握律动，但不能过于轻佻；掌握细节，但不能过于烦琐；保持含蓄，但不能过于艰涩；表现直率，但不能过于直白。因此，设计不是单纯的解决问题，应该是赋予建筑空间更深层次的精神，凝结思想、想象力于建筑架构中。

李智翔 水相设计 | 设计总监

设计过程与结果是难以预知的，所以必须尝试所有的可能，唯有持续的绘制，从众多的版本中找到最后的答案。“约略性质”的美感是我们保持的信念，所有画作的线条都不是用尺子画出来的。我喜欢的设计不是刻意的工整，如果可以稍微有一点“自然的线条”会更接近我们想表达的空间。——李智翔

水相设计总监李智翔从事设计工作十余年，作品融合极简与幽默，毕业于纽约普瑞特艺术学院室内设计专业与丹麦哥本哈根大学建筑研究专业。带着艺术、人文、哲学的思考，李智翔从学习到就业，有着建筑设计师的理性思维，也有艺术家的叛逆本质。他喜欢在规则的例外对既有秩序重新定义，在不可预知的不确定性下发现不同的特点。擅长将空间装置艺术化，喜爱由生活探索灵感的他，借由大量艺术作品、展览与阅读汲取养分，将深刻感受转化为设计灵感。

获奖纪录：

2007—2010 年 中国台湾十大设计师

2018 年 中国台湾室内设计大奖 - 商业空间类 金奖《分子药局》

2018 年 德国 IF 设计大奖 - 室内建筑类《分子药局》

2017 年 A’ Design Award & Competition - 建筑空间展示设计类 银奖《自由平面》

2017 年 IIDA 国际室内设计协会 2017 亚太设计奖 - 最佳竞赛奖《分子药局》

2016 年 A’ Design Award & Competition - 室内空间展示设计类 银奖《达尔文》

2016 现代国际装饰传媒 - 年度办公空间大奖《巨亨网》

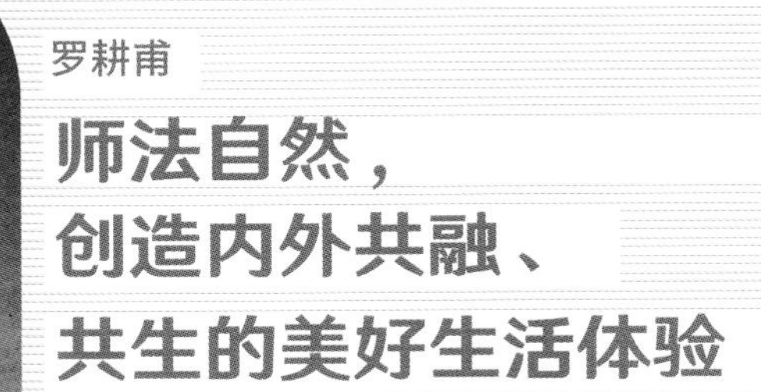

目录

目录

名师谈极简设计——黄国桓

减法设计，发现空间的自然本质

黄国桓 瓦第设计 | 设计总监

毕业于中原大学室内设计系，美国堪萨斯州立大学室内设计硕士。

除接受专业正规的设计教育之外，黄国桓更曾任职于知名设计工作室与地产开发公司，超过 20 年的专业训练与实务操作经验，并将个人对于人文艺术与历史文化的长期关注与修养，全心投入所爱好的设计行业中。在理性设计上关注使用者与环境的联结、使用者与空间尺度的关系，并遵循现代美学的规则；在感性上试图寻找出每个空间独特的调性与灵魂，期许引导出使用者空间设计、色彩材料等使用的浪漫对话。

瓦第设计长期专注与居、住、行相关的空间型态的规划设计，从地产开发商集合住宅的单元平面空间、小区公共设施与景观设计、广告企划公司的销售会馆样品屋和实品屋等规划，进而到私人住宅设计、家具细部施工，均秉持着全方位、专业完善的“整体解决方案”操作执行模式。

我们专注于仔细聆听业主的真实需求与声音，有效率地分析客户的需求与预算，希望能够提供给客户完善且美好的设计服务与施工质量。

先锋空间：您对当下人推崇极简主义的生活方式怎样看待？请谈谈您的生活理念吧。

黄国桓：我想“简约”这个词可能更为贴近我想表达的生活理念，“极简”这个词可能太过于严肃，并带给许多人压力了。我期望表达的是一种单纯却不单调、典雅却不朴素的生活理念。

简约其实是人类对于生命更深一层的思考，淬炼而出更成熟、更负责的一种生活态度，在生活需求与美感上都摒除了不必要的烦琐与无意义的堆砌，所呈现的是一种自然的自信与力量。这种简单而有力的概念并非近代从西方传导来的，而是长久地存在于我们自己的文化与血液之中的。如同唐诗简短规律的文字排列隐含了深刻的社会意识与个人思想，宋代瓷器的单色釉彩纯粹地体现瓷器本体的量体美与色彩的优雅，明式家具的优美简练的线条不着痕迹地植入工匠技艺并诚实表现木料的纹理本质。它们一一证明着我们也曾经拥有简约、成熟、大气的文化态度。

在发展过程中追逐不同文化的荣耀，我想这是不能避免的过程。但是我想，在今日中国社会经济高度发展的情况下，我们应该更自信地去思考周围的环境，从我们自身的悠久历史文化中间萃取精华，将精华消化转换成养分，而不仅仅是守旧与复制，进而去创造出符合现代及未来潮流的东方简约生活哲学与成熟美感。在目前中国强大的经济实力下，我们已经看到了许多创作者与消费者在朝这个方向前进，我希望这个观念能够持续扩大到更多的方面。

先锋空间：您的很多作品也都运用了极简设计手法，其中透露着优雅而纯粹的时尚气息。请谈谈您的极简主义设计观，您认为好的极简空间应该是什么样子的呢？

黄国桓：我喜欢的极简空间就是能让身处其中的人感知到这个空间的独特性格。我的设计想法很简单：就是试着去发现每个空间的独特性格，解读这个空间传达的信息，并且深化操作它的特性。例如，有些空间身处于绝佳的景观环境中，便没有理由去隐藏它与自然的接触；有些空间处于混乱与杂乱的环境中，便应试着去梳理空间秩序，并归纳出生活条理。简单地说，就是要理性地分析与解读空间，隐劣扬优，让空间的特性与美好能够更融洽。

先锋空间：您非常关注使用者与环境的联系，并希望每个空间都融入人的灵魂和个性。请谈谈怎样在极简空间设计中融入居住者的个性及情感需求呢？

黄国桓：每个空间的使用者一定都有其独特的个性，要看设计者如何去观察发掘。空间使用者的特性当然主宰着整个空间设计规划的主轴，但也不是全然奉为圭臬，因为精巧、适度的空间纹理的缜密编排，同样有机会能够潜移默化地塑造使用者的性格。我期望简约的空间可以帮助现代人调整紊乱的呼吸频率，重新放慢节奏，认真吐纳每一口空气的场所。在这样的空间内，使用者能更加放松地检视自己的内心，提供愉悦的能量，进而能更客观地正向关注外在的生命与环境。

先锋空间：在您的作品《大观无极私人住宅》中，运用简洁色调的石材和木材形成丰富的对话，碰撞出纯粹且具有人文气息的极简空间。请谈谈您的材料运用手法？在材料的细节处理上要特别注意什么呢？

黄国桓：其实我个人对空间设计与材料运用大都不是只有减法的设计，反而是加法与减法并存。我常常会去思考是否该加上一些线条量体等，让空间更有律动感，或者加上些色彩光影等，让空间更具个性。我年轻的时候总是希望自己的设计能够说更多故事，表达更多想法，但是过多的设计语汇却让人无法放松，也无法真正去感受空间，随着年龄慢慢的增长，渐渐喜欢让人没有压力的空间、让人能够记住的空间。这样的观点反映在我空间设计的材料表现之中。我喜欢运用简单、不过度加工的材料来表现自己的想法。譬如，我特别喜欢意大利卡拉拉产区的白色亮面石材，在近似玻璃的纯白色光亮表层下，有着无数个深浅灰阶的纹理舞动着，像极了中国的行草般豪放与无拘。我也喜欢各种天然木料的不同表现方式，譬如利用工具，在木料表层，根据材质软硬的不同用钢刷刷出或用其他工具刮出木材线条与肌理，表现出独特的触感与光影。我也喜欢在木料上以上油或皂装的方式做处理，呈现出一种如同羊脂玉般的柔顺丝滑触感。总而言之，我认为空间材料的选用搭配不仅仅在于视觉美感上的满足，而且能够鼓励人们去触摸材料的细微本质，感受匠师们的用心与技艺。

先锋空间：您在这一作品的空间处理上运用了半开放式手法，对多功能房进行了特别处理。请问在空间的减法设计上还有哪些处理方式呢？

黄国桓：当今社会人口高度集中与现代科技信息的高速发展，让以往各种不同空间的用途与形式定义也变得模糊了，传统上客厅、餐厅、厨房等层进阶级式的空间编排模式越来越不符合实际的使用要求，大多数的人没有充裕的空间去设定使用时间。这个趋势也反映在居家模式上，厨房与餐厅担负了更多的功能，特别是社交功能。亲友们一同在厨房切磋厨艺，在用餐空间分享食物，同时也使用了现代的影音媒体娱乐。更多人因为用餐空间的大桌面与互动性，将其弹性使用，作为工作台或家人共享讨论的阅读区。所以，我认为当下居家空间的中心已渐渐从起居空间移转至餐厅、厨房区域。

先锋空间：空间内极简造型家具及摆饰的布置自成风景，营造出时尚、舒适的生活空间。请就本案的家具及艺术摆件的减法设计具体谈谈在细节的把握上要注意什么。

黄国桓：这个空间的家具配置很特别，我必须考虑到使用者的日常生活轨迹，理性地安排家具位置；同时也希望家具的选用与配置能够引导整个室内空间与外在环境有所呼应，期待使用者在不同时间、不同季节进行室内活动时，都能够感受户外晨昏四季的景色变化。

为此，我在这个超过 80m² 的起居空间只摆上意大利 Poltrona Frau 的三人沙发和圆形休闲沙发。在这里三人沙发已经足够应付家庭平常的使用需求与社交行为。但圆形的可旋转 270°的 Scarlet 沙发却创造出了更多的生活乐趣，摆放在这个空间的接近正中央位置，主宰着整个开放空间，联结着起居室、厨房与餐厅。直径 150 cm 的圆形沙发足够容纳二人共坐，可以营造出轻松、舒适的亲密感受。

我认为每个家庭都应该拥有高质量的家具，因为我们在家中使用时间最久的装修材料便是这些家具，而且家具也是居家空间内最具分量的量体。家具就像是空间内的立体雕塑，美感与质感的要求自然必不可少，但是舒适性和实用性也必须考虑在内。我推荐欧系的现代设计家具，不管是比例线条或做工都相对成熟。家毕竟是个生活的地方，而不是个名牌家具展示间。要避免摆放过多装饰性的名牌家具，试着减去多余的，把精力和预算用于真正的好家具上。

先锋空间：空间内每一处墙体、柜体的收边、勾缝及转角的处理都呈现出干净和利落的线条美及严谨的完美比例，让整体空间注入了纯净的理性力量。请具体谈谈空间内细节比例的处理手法。

黄国桓：细节处理在极简空间的设计上是相当重要的，因为简单，所以每根线条的比例分割与材质的选择运用都会对空间造成相当大的影响。我在空间的设计上喜欢利用纯粹的几何线条来表现空间的律动，例如在玄关顶棚上运用水平延续的深色木条，试图创造出一个压缩的入口空间；电视背景墙两侧的垂直立体木条假柱定义出客厅与餐厅、厨房空间分界，这也是我最喜欢的手法，这个垂直线条柱体同时也是为起居空间提供收纳功能的重要收纳高柜；圆形沙发后的深色橡木皮墙面与垂直线条柱体又界定了这个空间的公共领域与私人领域。

先锋空间：空间拥有整面墙的开窗面，营造出非常好的视觉感。在极简空间中，自然光及人工光线的处理应特别注意什么？怎样运用光线创造出纯粹的空间美感？

黄国桓：自然光不可否认是最好的灯光师，如果可能，我会在空间内尽可能多地引入自然光线。自然光会随着季节、时间与周围环境的变化不断地变化，这种无法控制的特质永远会带给我们对空间新的体验。但是面对无法控制的照明强度与照射角度的自然光线，我喜欢运用可调节光线的方式与材料来处理。现今有许多功能性的窗帘产品能够呼应我们对光影的需求，而其简约的设计更能突显空间纯净的美感。人工光线主要是在自然光线不足时提供照明，当然也能利用光线去定义空间的距离尺度，例如墙面的洗墙灯与画作的投射灯，都为使用者提供了对空间尺度的视觉感知；而结构性的人工光最能表现设计量体比例与线条美感。只是居住空间是生活休息的场所，过多的人工光线反而会造成视觉的纷乱与不安，特别是在极简空间的设计思维下。此外，光色也是影响空间的重要因素，太黄、太暖的色温不容易让空间有利落的氛围，太白、太冷的色温也让空间产生冷漠、疏离感。我认为一个好的照明空间设计，应该是能够感受到光的存在，但看不见发光体，就像是人们身处自然光下感受光的照拂，但避免直视太阳本身。

先锋空间：在您看来，极简风格是一种更好的体现人与空间最原本联系的方式吗？

黄国桓：极简风格确实能够引领人们与空间产生更本质的互动与联系，极简空间使用极少的装饰与色彩，避免空间过度的烦琐切割。因为简单，所以也能更直接地感受到设计的量体与线条；因为简单，也能更直接地感受、触摸到空间材料的肌理变化。同样的，空间也能更直接、更真实地反馈光影的变化，在这样的条件下，人们可以更清楚地了解空间的信息与设计者想要传达的想法。我想使用者在减法的生活过程中，反而能够安静地检视自我的本质需求，从而发现自己不曾关注到的层面与细节，创造更多的生活乐趣与可能的空间使用方式。

先锋空间：对极简风格的发展趋势，您怎样看？

黄国桓：现今简约的语汇表现与操作手法已经成为无法抗拒的设计趋势，而且不仅仅在建筑装修、室内设计等方面，还包含了工业设计、产品包装，甚至商业模式等，完全包覆我们所有的生活层面，而且正用力改变我们的生活形态。我认为简约的设计概念让人们有时间来思考自身真正的需求与爱好，更能深刻地体会设计的本质与内涵，所以好的简约风格设计是消费者与创作者都渴望达到的一种态度与境界。

名师谈极简设计——罗耕甫

师法自然，创造内外共融、共生的美好生活体验

罗耕甫 橙田建筑｜室研所 主持设计

获奖纪录：
2018 年 英国 World Architecture Festival Awards · 办公建筑
2018 年 美国 Architizer A+Awards–Popular Choice Award
2018 年 意大利 A' Design Award · 室内设计 – 金奖
2017 年 亚洲设计奖 · 办公空间 – 金奖
2017 年 亚洲设计奖 · 住宅空间奢华组 – 金奖
2017 年 韩国 K-DESIGN AWARD Winner · 公共空间
2017 年 现代装饰国际传媒奖 - 年度办公空间大奖
2017 年 APDC 亚太室内设计精英邀请赛 – 金奖
2016 年 意大利 A' Design Award · 建筑设计 – 金奖
2016 年 英国 SBID 国际设计大奖 · 会所空间
2016 年 英国 Asia Pacific Property Awards Winner · 休闲建筑 – Five Star Award
2016 年 英国 Asia Pacific Property Awards Winner · 办公建筑 – Highly Commended Award
2016 年 新加坡室内设计大奖 · 住宅 – 金奖
2016 年 新加坡室内设计大奖 · 样板间 – 金奖
2016 年 德国红点设计大奖 · 室内设计
2016 年 德国 IF 设计大奖 · 室内建筑 – 住宅

先锋空间：您理想中的家是什么样子的？这一期待在您家的设计或者其他作品中实现了吗？

罗耕甫：透过与环境的共存共生，利用自然采光、通风乃至节约能源等环境控制手法，或是选用自然纹理的装修材质，如木质、石材、布麻等，试图将自然环境中的元素引入室内，亦是所谓的师法自然，借由“回家”的场域转换，缓解繁忙都市生活所带来的紧张与压力。

自己很庆幸能够有一个机会，盖了一栋属于自己的房子，将自己的想法及对未来生活的需求都放进去，真正实现自己想要的生活样貌。

先锋空间：您怎样看待当下流行的极简主义的生活方式？您平常都遵循什么样的生活理念呢？

罗耕甫：中国台湾因应全球都市化的发展，人们的居住模式早已跳脱传统群落的居住模式，取而代之的是高效益与量化的集合式住宅，然而现代建筑在空间中经常排除了自然与环境的因素，创造了以科技来管理空间的思维，在这样的思考逻辑下，建筑成为社会的一项商品。对商品化的居住形式与大环境过度开发的形势，设计师们开始反思。建筑原本是为了人类的生活所衍生出来的装置，当人与建筑欲产生互动关系，打破藩篱与外环境的连接是不可或缺的，环境与建筑的互动也牵涉到人与自然的关系。

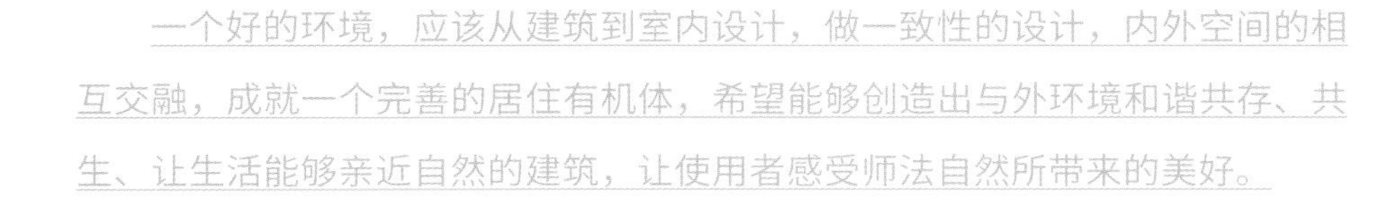

一个好的环境，应该从建筑到室内设计，做一致性的设计，内外空间的相互交融，成就一个完善的居住有机体，希望能够创造出与外环境和谐共存、共生、让生活能够亲近自然的建筑，让使用者感受师法自然所带来的美好。

先锋空间：您的作品中透露着浓厚的人文气质，但同时也兼具现代生活所需的舒适、温馨感，这与极简主义所追求的回归生活本真的理念并不违背。请谈谈您的极简主义设计观，您认为好的极简空间应具备哪些特性？

罗耕甫：在做设计时，思考的切入点往往决定业主的空间属性，除了满足空间功能外，在整个空间上会试图找到主题去述说一个故事性，让整个空间是有趣的，区别以往制式的设计手法，标准化的区域切割不再是唯一的选项。无实界的空间思考、模糊的边界，使得整体空间更加宽敞，使用更加流畅，不仅降低人与人之间的疏离感，也包容了创新无界限的内涵。利用光影来改善空间与时间变化的关系，试着在空间中留下线索，并重视环境物理量的变化和人在空间中的安定感。

先锋空间：您非常注重自然景观与建筑、空间、人的联系，力求在每个作品中营造开阔的视野，让居住者在生活中能更多地亲近自然。请您谈谈运用了哪些设计手法来达到这几者的完美融合。

罗耕甫：我们在时间和现场条件找出线索，环境中建筑的摆放位置可以表达出空间里时间轴的轨迹，为空间带入光影的变化，使装修的材料与空间作出呼应，利用流畅的动线与陈设，增加空间感。

先锋空间：丰富的自然光影变化及温馨怡人的灯光效果营造出空间的多重变化和自然舒适的体验感。请以一个作品为例具体谈谈怎样合理运用自然光线和人工照明，光影对于空间的意义是什么。

罗耕甫：翡翠森林社区会所坐落在台湾台南，是一个独立社区居民所共同拥有的生活空间，提供社区餐饮、阅读、健身、学习、分享与交流等需求。建筑楼层以自由的曲线垂直堆栈，是以大自然的形态作为发展设计的想法，景观水池、户外广场与建筑物也形成丘陵般的自然风貌；多种高度的平面，高低错落，且相互对应，提供了人与人之间更多的互动与趣味性。将大自然的元素带入建筑与室内空间，森林耸立的枝干成为建筑的外墙与装修意象，打造生活与自然共存的居住环境。

本案为三层楼建筑体，具备阅览室、餐厅、健身房与泳池，以及妈妈教室、瑜伽教室等主办社区活动的场地，以“人”为诉求本体的设计，不同以往会馆强调奢华炫目的设计想象，而是希望透过舒心自在的空间设计，贴近环境、贴近居住者。

建筑外立面利用连续的开窗打破空间界线，将自然光引入室内，创造内与外的联结。利用光在空间的明暗差异性，增加空间中的对比度，光的使用来自于行为上的需求，加强局部重点光线的同时，弱化其他空间的光源，使空间充满丰富的层次。

进入室内，配合建筑外观的圆弧线条，家具的形态与摆设也随之产生。由石材所构成的吧台具备张力与视觉效果，利用地面的高低差、层次与功能家具的搭配，划分出空间中使用的区域范围。透过 3 倍的光差效果创造空间的安定感，挑选 92%的演色性灯光，强化物体在光源下呈现的真实性，使石材在室内同样拥有在自然光下的质感，并运用 3000 K的色温让清水模更加温润，仿佛伸手就能感受到温度。

光在空间的明暗差异性，是用来表现空间稳定性与情境的方法，透过光形成一条隐藏的轴线强化空间的行为性。在暖色调的氛围里，结合高演色性的光源表现，呈现生活的原味，回归居住者质朴的生活状态。

先锋空间：不同质感的木皮、木材及粗粝的天然肌理石材等自然材质，交织出人文气息浓厚的现代居所。不同材质的处理方式呈现出肌理和色彩的细微变化，让空间于整体的沉稳气质中呈现多重表情。请您谈谈简约空间中的材料运用法则，并以《港湾住宅》为例具体谈谈不同材料的细节处理手法。

罗耕甫：空间中大量使用橡木的自然拼贴木皮，墙上刻意留下勾缝与凸出的实木条，增加光影在墙面上移动的丰富性，呈现出 20 世纪 70 年代的设计风格。木皮做烟熏处理是利用材料本身单宁值的差异性，木皮经烟熏后有更好的色差表现，在耐候程度上，日照及紫外线对材料的影响也获得改善。

利用墙面材料的消光处理及物品间彼此的相对应尺度创造关联性，使得空间中的每个角落都有良好的安定感。期待开放又能够疗愈的空间，能让使用者享受美好的港湾生活。

先锋空间：您在空间的分割上也多运用模糊边界的概念，创造出大气、流畅的空间感。印象非常深刻的是在《港湾住宅》中，整体空间的开阔、大气感让人震撼，整条纵向动线贯穿的公共空间呈现雄浑的气势感。请以本案为例具体谈谈动线的减法设计。

罗耕甫：客厅、餐厅、起居室及开放的厨房中岛被安排在公共空间的狭长轴线上，也因此空间行为被计划性地整合，室内的公共区域与港湾的美景完全贴合，轴线的端点迎向阳台的景观植栽，形成有趣的呼应。

卧室区则保留了充足的生活尺度空间，以及绝佳的观海视野，风格设计上则刻意拉开彼此的差异性。主卧室被安排在最靠近港湾的位置，阳台、卧室、浴室打破了空间的界定，穿透性的设计让三者之间的关系更加密切，并且共享了窗外景致，卧室向阳台借了绿意，使环境与室内空间产生了连接，更让卧室充满阳光与生命力。

先锋空间：空间内的家具也大多选择极简、舒适的款式，色调上也配合整体的沉稳气质。请以本案为例具体谈谈家具的减法设计。

罗耕甫：墙面及顶棚木皮的装修，为客、餐厅及起居室的家具摆设提供了很好的空间连续性表现。家的造就，不在于华丽的造型，而是在于功能性与生活的贴合，并融入对自然的崇尚情怀而产生的设计美学。

本案利用减法的设计思维，去除多余的烦琐造型，传达极简的生活概念，选用大地色系的配色，让空间充分地散发出沉稳的气质，富有自然纹理的材质，传达我们想要将自然引入室内的设计理念，以空间为框、以环境为景，体现内外共荣的设计思维。

先锋空间：整个空间呈现出沉稳、内敛的人文气质，同时也兼具舒适、自然的生活气息。整体的色调也都运用和谐、稳重的中性色系或自然色，在统一中又有细微的层次变化和质感。请谈谈色彩的减法及加法运用法则。

罗耕甫：壁面木皮采用凹凸的拼贴手法，在立面上制造翘曲及勾缝造型，让光影在墙面上留下移动的轨迹。使用者可在空间中体验时间的存在。注重材料的低反射性与灯光高反射性，尽量呈现原始材料的原味。LED 灯具的应用，降低了能源的消耗，能有助减少碳排量。

先锋空间：各种设计风格流转至今，您认为当下人所推崇的极简主义风格会走向何方?

罗耕甫：良好的生活形态必须摒除与外环境隔绝的对峙心态，亦需要透过内外环境的协调关系，体验大自然所带来的光、风、水、绿，这不仅仅是亲近自然、正向的生活模式，也是现今设计思维上的新潮流。

精心安排的家具与饰物在空间中相互辉映，令每一个空间都充满着引人入胜的故事性与富有魅力的生活趣味。

名师谈极简设计——翁新婷

运用自然肌理材质，解构、重组呈现多重表现

翁新婷 理丝室内设计 | 设计总监、主持设计师

学生时期专攻视觉传达，培养对整体画面的色彩、材质等细节的极高敏锐度，善于解构视觉影像中的各项元素，借由不同质地、多样性质的材质，发展更深远的人际与空间的互动关系，诠释功能与美感并具的空间。热爱流行趋势与国际美学，近年旅居英国期间进修伦敦艺术大学（UAL）建筑系学分，定期参访法国国际家具展（M&O）、米兰国际家具展（Salone de Mobile）。

获奖纪录（2017 - 2018 年）：
德国 IF Design Award Winner
美国 IDA Design Award 3rd Place
美国 IDA Design Award Honorable Mention
意大利 A'design Silver Award 银奖
意大利 A'design Bronze Award 铜奖
中国台湾 TINTA 漂亮家居设计家 金奖

先锋空间：从您的作品中读到的更多是理性与优雅的经典演绎。您能和我们谈谈您家的设计吗？

翁新婷：我必须承认，在真正装修过自己的家之后，才能理解业主的担忧和疑虑，进而了解他们的需求，并最终满足。因此，我深信设计的出发点是为了让生活更美好，一切的美都必须建立在这个基础上，否则只是停留在表面形式上。

以我的住家设计来说，我认为居家生活中的采光、动线及宽阔的空间感，是在结束每日繁忙的工作之后，能让人完全放松的设计重点，其次才会是表面材料的选用和表现出设计风格。

当然，既然提到了生活，必须帮业主考虑到日后的使用习惯、清洁维护及耐用程度，每一个"家"都是业主的心血结晶，因此在设计上绝对不能只想当下，必须考虑到未来的 10 年、甚至 20 年会遇到的问题，如材料是否易于维护、能否历久弥新？如果家庭成员有改变，是否易于变动？设计师的使命是提升业主的生活质量，因此我们的专业建议必须建立在此之上。

先锋空间：对当下流行的极简主义的生活方式，您怎么看？请谈谈您的生活理念。

翁新婷：极简主义是必需的，现在信息太过泛滥，快速、低廉的商品太容易取得，无时无刻不刺激着我们，每个人都太容易拥有没有迫切需要、甚至根本是不需要的物件。物质生活太过泛滥的后果，反而容易让心灵生活匮乏。因此，让心灵沉淀、去芜存菁，才是我们的真正需要。

先锋空间：在您的作品中也能体会到您的公司遵循“理念思绪，细腻如丝”的设计理念，其中的细节与比例的处理非常精准，呈现出理性的优雅美感。请具体谈谈怎样把握完美的空间比例及细节。

翁新婷：自文艺复兴时期起，就有“黄金比例”的说法，而以我个人的看法，比例没有绝对，只有相对的，会因不同的空间而有不同的调整。举例来说，若在大面积的空间中，我会以最古典的“对称”手法来表现，让空间呈现大气、隽永的经典；若在狭小的空间中，尤其是楼板高度偏低的话，我会尽量将比例的变化拉大，让视觉上的错觉去“欺骗”我们的大脑，营造视觉上的宽阔感，让人在空间中感到舒适、放松。

先锋空间：注意到您在空间设计中多运用自然纹理的石材及木材，这些原始的肌理也成为空间中最美的风景。请谈谈您的材料运用理念及细节处理手法。

翁新婷：由于我们现在多半置身于水泥筑造的都市丛林中，长时间处于室内空间，我会多运用一些自然的肌理表现，可以让人略微放松，有片刻回归自然之中的感觉。但毕竟是以人为的方式将这些材质引进室内，所以实际的操作上，必须考虑到材料的特性、环境的属性及施工的工法，这样才能让这些材料在空间中完美地呈现且经久耐用。

先锋空间：在《璀璨·脉脉》这个案子中，非常亮眼的是其中优雅、纯净的大理石纹理与精致金属的碰撞，演绎出时尚经典的华章。包括精细的材料拼贴及勾缝等细节的处理呈现出理性的光辉。请就这些精彩的材质运用及细节处理手法具体探讨一下。

翁新婷：这案子比较特别的是，一开始其实只预设电视背景墙是以石材表现，但与业主到了石材厂挑选石材时，因为有两块纹路漂亮的石材着实让业主无法取舍，因此业主决定两块皆采用。两块石材的纹理都如此美丽，但色调却截然的不同，这着实是一个难题。因此，为了不让空间显得单调或混乱，我将不同的石材放在不同的面向，而同一面向中，又以解构的方式将它们破碎后再重组，接着调整比例再做切割，每一块石材的尺寸、斜边、导角、留缝都是经过设计后的表现。其中，因应隔局及墙线的变化，穿插一些金属铁件做材质的变化，除了利用不同的色系呈现出不同的光泽之外，金属的外观也绝对不止一种，利用不同的形体，如片状、柱状，展现金属纤细却又刚硬的特性，若有似无，无法忽视。

先锋空间：除此之外，色彩演绎也是浓重的一笔，自然的材料纹理及优雅的光影效果共同演奏出优雅、时尚的格调。请具体谈谈客、餐厅及卧室的色彩运用。

翁新婷：餐厅空间中，已确定以白色大理石石材做大面积的主墙表现，但又需与在同一开放空间的客厅色调做呼应，因此在家具色彩的着墨上花费了非常多的时间，运用了相同的色系及材料做整体的融会贯通。

而让人彻底放松的卧室空间，其实原本有西晒的问题，因此采用了可让人视觉瞬间降温的静谧蓝色，心境也随着如深海般的色彩徜徉。

先锋空间：本项目中极简造型的时尚家具及配饰也让空间更具品位，请谈谈其中家具及配饰的选择搭配吧。

翁新婷：在建筑空间中，我比较重视空间的形体与结构的表现，而好的家具对我来说，如同是一件工艺品，能让空间的质感更为提升。除了质感的提升，我还特别重视家具及装饰品的选材，因为这些才是天天与我们接触最多的物品，而家具的设计千变万化、推陈出新，一样的空间中，如果使用不同的家具配置，能完全表现出截然不同的氛围。

现代风格的家具也不是印象中刻板的单调，在利落的造型中，单一的材料也能做出不同的线条，因为造型单纯，切割的比例也是影响整体的关键。至于皮革布料的混色、混用，都能营造出截然不同的外观。

先锋空间：或低调隐藏或熠熠显现的灯光处理也是这一作品中重要的亮点，多层次的灯光效果也让各种材质、色彩呈现出最美丽的一面。请具体探讨一下其中的灯光处理方式吧。

翁新婷：本项目中，因为每一个空间都有大面积的开窗及良好的采光，没有什么灯具比得上自然的采光了！因此在室内灯光的控制中，特别采用了可调节的灯具照明，搭配不同的日照强度来调整室内光源的亮度。而造型主灯（如吊灯、壁灯）也特别选用了亮度较低、光线柔和的灯具，营造出“波光粼粼”的光影。至于营造气氛最主要的间接照明，也藏身在各个空间的位置：层板、酒柜、床头等，将各材质的质感表现提升更多。

先锋空间：在简约风格空间中，您会运用哪些隐藏术来规整空间呢？

翁新婷：我特别喜欢将房门及收纳柜体与墙面做一个整体的规划，当房门隐藏于墙面之中，可以让墙面的设计看起来更完整、更简洁；而有厚度的收纳柜，虽是居家生活中必要的物品，但单独竖立实在是太有压迫感，所以必须让它如同墙面一样隐身，因此配合墙面的位置做空间规划，利用材质做表面的延伸，让功能与美感兼具。

先锋空间：简约风格的空间更注重个性化的营造，可以运用哪些方式让空间与居住者产生联系，并令空间更具有故事性和独特性呢？

翁新婷：一直以来，其实我非常喜欢不同的业主提出不同的提议，因为每个不同的需求，都是不同的故事，根据不同的需求，可以造就出不凡的作品。通常，在了解不同业主的喜好及需求之后，我会根据业主特别偏好的材料做延伸发想，以此为空间的主轴，接着再以每个空间不同的特点做重点设计。尽管故事不同，但对家的感觉是一样的。

先锋空间：室内设计的各个风格流派流转轮回至今，对极简风格的发展趋势您怎样看待？

翁新婷：如前面所说，在这个信息爆炸的年代，风格不停地轮转，但是极简主义是必然会存在的。不论风格怎么变化，人对于家的想法是不会变的，放松、沉静、安稳这些都是住家生活中不会改变的宗旨。心灵上满足的极简风格，是现代人所追求的文明生活。

名师谈极简设计——陆希杰

建筑内化与有机概念，创造生态极简空间

陆希杰 CJ Studio 及 Shichieh lu 家具｜创始人

2018 年 宁波大学科学技术学院特聘教授
2017 年 台湾交通大学建筑研究所兼任副教授

获奖纪录：
2016 年 金点设计奖 - 产品设计《口袋》
2016 年 金点设计奖 - 产品设计 《明心见性》
2016 年 金点设计奖 - 空间设计 《Aesop 忠孝概念店》

先锋空间：您怎样看待当下人所推崇的极简主义的生活方式？请谈谈您的生活理念。

陆希杰：在现今网络发达的、信息爆炸的时代，取得信息与人际交流更加频繁，我们每时每刻生活在充斥复杂信息的世界中，所以有人开始追求简单的生活方式。我觉得极简主义的生活方式是一种整理，也是一种态度，有点像热力学原理，整理会耗费能量，极简反而能积累能量。

我认为极简生活的基础应是物质与精神生活两者的平衡，这两者是密不可分的，极简主义表现的是“精神理念的物质化”，不是说“无”就是极简，真正的极简主义藏有很多对生活细节的反思，进而简化。这种简化就是前面所说的整理，这才是极简主义的真正道理。一般以为的极简主义生活品位，就是在空间中显现简洁的线条，但其实任何极简主义反映的线条，都是经过思考、整理后的去芜存菁，是取决于每个人或物件构成的逻辑概念，所以极简主义有很多不同的表达方式。

极简主义的生活方式是我欣赏、推崇的，我个人的生活也一直是朝向此方式。很多时候我会以极简的概念来判断事物，去除不必要的。但生活没有那么简单，它有很多复杂的东西，当你只剩下简单的时候，生活是不是还够耐人寻味？我相信不是表面上看起来那么简单。

先锋空间：您认为设计是一次探索，在这场旅程中，您觉得最有意思的部分是什么？

陆希杰：在设计的探索里，我觉得最有趣的是“追求未知”。设计本来就是一种预知未来的状态，是一种坚持。在设计中，设计师与不同的业主共同探索，在互动中对各种条件做分析、整合与再发现，找出隐藏在表象下的新秩序及关系。伴随在这个过程中对未知意外的发现及处理，是设计很重要的精髓。如何从了解自己与新环境的关系中去发展新的东西，是探索中最有趣且值得学习的部分。

在设计者的个人生涯创作里，每个设计案都是新的探索， 能擦出新的火花。我不希望每个个案都是重复，而希望每个设计案都是为下一个设计案准备的，也就是联结过去与未来，累积更多的能量与创意，进而反馈，成为设计自身的生命风景。

先锋空间：您的很多极简主义作品中都融入了建筑的概念，比如流线型的顶棚、墙体或简洁的柱子等元素，让整个房子犹如一个自由生长的生命体，呈现出流动的生命力。请讲讲您的极简主义设计观，以及这样设计的意图。

陆希杰：如前述，我认为极简主义的设计观其实是一种生活观念与智慧的整理，一种将精神物质化的空间表现。极简主义设计在表达每种材料或天地墙的关系时都会有一定规律，是经过整理的，比如材料次序、顶棚凹槽做法等。要避免混乱庸俗与风格的组合运用造成的杂乱无章，因为这样的次序与整理关系让我们感受到是有经过极简主义思考的设计，这与没有经过极简主义思考的设计是有一定差别的。其差别在于一般的设计多是风格化的，诸如工业风格、巴厘岛风格等，它们更在意表面的符号与第一形象，但假如其在空间次序、材料次序等方面手法拙劣，那在空间中显现的就是杂乱无章，没有逻辑性的空间也会令观者在视觉上感到不舒服。

在不同的风格中也会存有极简主义的精神，在材料的实际运用中，极简主义其实是反装饰的。雷姆·库哈斯曾经说过，极简主义是终极的装饰。视极简主义为“风格”其实是不恰当的。极简主义事实上是要跳脱风格的，它不只反映在空间物质表面，在生活态度、使用的家具和厨具上都可能隐含极简主义的设计观点。极简主义从生活态度转换成一种美学，这种美学才是极简主义的设计意图。

先锋空间：您的作品《辉泰琴海》样板间给人留下的印象非常深刻，其中流线型的顶棚结构与空间内弧形的墙面、动线相互呼应，演绎出流动的空间感。请具体谈谈这个案子的动线设计，为何要这样设置？

陆希杰：在现代主义中，空间往往追求一目了然（即自由的平、立面），但这也使空间的层次感消失了。我觉得琴海这个空间有趣的地方就在于制造内在层次，此案运用环绕弧墙界定出第二层动线，需经过弧墙的立面才会抵达客、餐厅空间，也从而进出多层次景深。采用此配置是基于空间的缩放概念。利用这个弧形墙面做出空间的界定，界定并分出空间组重，令空间既流动又稳定。弧形墙相应而生的廊道也增强了空间的隐私性与加深了空间的深度，让空间放大，虽有阻隔，但令空间富有层次，也找到了每个空间的定位。在我看来，住家的空间格局很重要，格局定位了空间的相互关系。

先锋空间：空间内流线型的家具和配饰仿佛是从整个空间生命体中生长出来的，与流动感的整体空间完美融合。请具体谈谈家具及配饰的减法设计。

陆希杰：琴海的软装配置是朝有机的概念去发想，包括选流线型沙发与特别设计的电视柜，选择家具时希望能呼应顶棚的流线造型；在选择配饰方面，我们采用了减法设计，在客厅中有一大面的弧形书墙，我把它当成空间中的一个装置艺术、一个大型的雕塑物，放入些许物件就可以展现出简洁、有力的感觉，而不是如常见的样板间般，将书本及饰品装满其中。简洁的物件也有其美感，在与空间彼此交相呼应中也能展现其故事性，而不用多加赘饰，但也要看设计师能否掌握与体察减法的特性。

先锋空间：这一空间特别美的部分是大面积绿意美景的融入，整面墙的开窗让浓浓绿意扑面而来，透过流动的动线缺口从各个空间都可以欣赏到绿意美景。请谈谈其中的引景运用手法。

陆希杰：琴海样板间面对着公园，建筑本身设计了很大的室外露台，将生态引入设计的概念成为设计的重要元素。本案虽然为高层公寓住宅，但因建筑本身的设计有较深的内庭，所以在设计时我将它视为独栋的空间别墅，希望让居住者在开窗时感到独自立于绿意中。在开放的客、餐厅，我采用大片玻璃与拉门，隔着廊道的起居室也有独立窗景，让居住者在此空间活动时能远眺绿景，在视觉上不受干扰。

先锋空间：在您的另外一个作品游翠苑《Sky Villa》中也运用到流动的建筑设计概念，其中错落的流线型顶棚是个亮点。请谈谈这样设计的目的，其中运用到哪些减法设计的手法。

陆希杰：《Sky Villa》是我减法设计很重要的作品。此案在 20 03 年初次委托我们执行设计，在 2014 年再次委托我们整修住宅，给予我一个检视作品并使其“升级”的机会。例如在顶棚的设计上，这次不采用初次设计的斜纹波浪形，而改用撕裂交叠顶棚设计，让局部楼板裸露（减少顶棚），呈现原始的清水模状态，并融合“空间家具化”的思考，将隐藏式光源嵌入顶棚缝隙，让顶棚线条更鲜明。较之前设计时的波浪顶棚，此次再装修更趋于减法设计，让空间更趋近本质状态。

先锋空间：这一案例中，整体空间错落有致，呈现出多变性，其中的收纳设计是怎样做隐藏处理的？请具体谈谈。

陆希杰：《Sky Villa》的收纳运用了“空间家具化”的概念，运用雕刻手法将壁柜隐藏于空间格局中，并做出了量体变化，使其内部兼具收纳功能，于外也能如层板般置放物品，适度彰显业主个性。另外，在本案的餐厅空间及运用包壁壁柜方式处理梁柱问题时，进行了功能、形式与造型合为一体的设计。

先锋空间：空间中另一大亮点是大量绿植和自然光线的立体式引入，让空间各个层次都能欣赏到绿景和天光。请具体谈谈这里的设计概念及运用手法。

陆希杰：敦化南路王宅为一栋两层、挑空并拥有屋顶空中花园的大楼住宅，我用了“Green House”的意象，加上采光罩设计，规划出能接触天光的采光天井。顶楼空中花园利用石材、木地板搭配不锈钢的座位与平台，并用几何体块做分割搭配，希望在屋顶展现有别于一般日式或英式庭院的样式，以极简质感为主要的设计取向。室内庭院由一系列细白钢柱支撑着采光罩，界定着中庭的边界，其内植栽盆景用不锈钢特别订制，错落摆放，一方面没有遮掩背后空间，一方面隐约地引导着动线行进。此门厅作为空中中庭，是虚拟的户外空间，主导空间构成并调节自然光进入室内空间。

先锋空间：在极简风格的空间中，可以运用哪些方式让空间与居住者产生联系，并令空间更具有故事性和独特性？

陆希杰：每件设计案都需与业主共同合作探索，在互动中共享一个新的动态系统。设计师也要对各种条件，比如环境、功能、业主、基地、历史背景等，做分析整合与再发现，找出新的秩序与关系。

我通常会以尊重业主为基点。在“靠谱”的范围之内“离谱”，在设计过程中，每个条件因素都是有弹性的，我会尽力把这些弹性，也就是设计的容许度找出来，而不是一味改变或是教育业主。所以我会反复地将折叠的因素展开，再把展开的因素折叠，如此抽丝剥茧地接受挑战，微调出最适合的容许度。以《Sky Villa》来说，2014 年再度装修时，业主提出：希望装修的感觉不是“重来”，而是“升级”。相隔十年再次装修，让我们更了解业主，也更了解空间本身，并运用修补术的概念，将格局调整到业主的需求点，并听取业主的使用心得，针对材料进行修正与检讨，让设计更贴合使用者本身，也更拉近空间与居住者的关系。

先锋空间：室内设计的各个风格流派轮回流转至今，您对极简主义的发展趋势怎样看待？

陆希杰：极简主义风格也是我一直自问的问题，是一件有趣也值得思考的事情。以我的观点来说，视极简主义为“风格”是不恰当的，但未来不可避免的会有人视之为“风格”。

我认为极简主义不是设计终极所在，时代一定会变，唯其精神态度可以是终极所在，它永远是人们对生活的反省。当然我所说的极简不是极端而是一种平衡状态，不要刻意去除符号、摒除个性，那就是没有异质性的盲目迷信了。请试想当每个家庭都是一个空的白盒子，没有自己的个性反映在其中，那会是一种什么情况？

名师谈极简设计——方信原

极简的东方侘寂美学，开创东方极简主义

方信原 玮奕国际设计工程有限公司 | 主持设计师

方信原毕业于台湾艺术专科学校，曾任职于大元联合建筑暨设计事务所及李肇勋室内设计顾问有限公司。常通过对城市旅游的方式，进行城市人文的观察及研究。事务所致力于将低度设计运用于住宅规划研究，并探讨人们居住在这样低度的空间里，各层面所产生的影响。

作品曾登上如德国《PLACES Of Spirit》、意大利《Marie Claire Italy》、新西兰《Home Living》等多家国内外媒体刊物；并获得如中国台湾 TID 奖、中国台湾金点设计奖、中国香港 APIDA 亚太室内设计大奖、中国 IAI、新加坡 INSIDE World Festival of Interiors、德国 IF 设计大奖及德国设计大奖 German Design Award、德国红点 Red Dot 设计大奖、意大利 A' Design 等奖项。对于未来设计的方向，仍以低度设计为主轴，将文化、艺术、环保、经济等相关元素，整合运用于设计规划之中。

先锋空间：对当下流行的极简主义的生活方式您怎样看待？请谈谈您的生活理念吧。

方信原：极简主义，又称微模主义，和现代主义所说的简约主义有所不同。它是在 20 世纪 60 年代后兴起的一种艺术派系，称为 Minimal Art，用物体本身的形式呈现表达。当下流行的极简主义，以建筑而言，强调以线条与形状的精简，结构则升华为建筑艺术，少就是多，摒弃不必要的装饰。极简主义就生活方式而言，可以说是人们在物质欲望充斥的时代里，对自我精神层面的审视。除了形式的美之外，也是追求一种自我的认定。

“简藏于富”可以说是我的生活理念，那份“富”，指的不是物质上的财富，而是精神层面上的富足。对创作者而言，许多创作的来源，来自于自身生活上的体验。我个人常将这份体验归属于精神层面的内化，这样的内化，为我的设计提供了创作元素。如果创作是生活的一部分，这样的生活不仅丰富且充满乐趣。

先锋空间：在您看来，好的极简主义空间设计的最大特点是什么？您怎样定义极简主义设计风格？

方信原：好的极简主义空间设计，最大的特点应该是包容性及无限想象空间，而这些都因“人”而有所差异。极简，是以简洁的方式，将空间元素极少化，以内敛的设计，使生活有更多的可能性。

先锋空间：您的作品透露着宁静、朴素的东方极简之美，极简法则和东方侘寂美学的融合演绎出独特的宁静和美感。请谈谈您的极简主义设计理念，您怎样将这两者完美融合呢？

方信原：极简主义本身除了减少形式上的追求之外，严谨地说，其本身已经涵盖了精神层面的追求。东方的侘寂美学，可以说是精神层次更进一步的追求。对于美，有时被描述为不完美的、无常的、不完整的，特征上包括不对称、粗糙、不规则、简单、经济、低调、亲密展现自然。它的标准因人而异，正因为因人而异，美、丑的定义就相对模糊了。极简主义在仍是西方对建筑、设计的一种反思，这样的反思仍是在一个标准的圭臬及范畴下进行推展。所有的事物皆在一个公认的标准下进行，再辅以个人特色较为鲜明的侘寂美学。

先锋空间：您一直提倡低度设计，这和极简主义的设计理念也相契合，能具体谈谈吗？

方信原：其实，“低度设计”这四个字，是近几年来我对于自己设计上的一种反思及定位。极简主义所谈到的是事物最初呈现的原貌，这样的呈现，对于习惯接受形式主义美的人们而言，是震撼的，因为他们必须更加深入地在另一个层面去探讨，或者说得直白些，就是了解它。低度设计是自己在追求这份探讨的过程中，在理论、工艺及精神上，寻找那份平衡，不全然是艰涩难懂的极简，因为大部分的人认为它是非常空泛的。

低度设计可以说是一种对于过度奢华形式美的一种批判及探讨，不是完全的舍弃，而是一种反思。空间是一个结构的呈现，故理论的支撑是不可缺少的。现代主义中讲究的比例、线条、功能，是我在探讨低度设计中的基础架构，只是在此架构上，低度设计精髓的运用更加制简，在这一过程中，将东方文化的美学及精神层面的追求，和谐地融入其中。呈现美的事物，仍是人们对生活的一种期待。只是这样的美，不是俗艳华丽，而是如同宋代美学般的韵味雅致。简，但是精致、美，是具有涵养深度的。用最少的元素，展示出人生的哲学。

先锋空间：在低度设计中，人的需求和以后的生活轨迹是空间中很重要的内容。请您谈谈，在极简空间设计中，怎样更好地释放人的需求。

方信原：这个探讨最后的回归是在“人”的身上，为何？因为人的生活本身就是一种轨迹，轨迹会留下记忆，这样的记忆会逐渐形塑空间氛围。在极简空间设计中，除了通过技术面去解决生活功能外，还应极大化地让空间能有效地包容各式各样的生活形态。很多人谈到极简，都用冷冽来形容它，其实是错误的。它应该是有温度的，这个温度来自于人，极简主义空间，怎样更加释放人的需求，其实如同上述的探讨，人是重要的决定因素。

先锋空间：您的作品非常注重原始材质的运用，质朴、自然的材质呈现出安静、朴素的力量。请谈谈在极简风格中怎样做材料的减法吧。

方信原：极简风格中，“简”的另一层面就是少，在设计的过程中，用少样材质或所谓的语汇去表达一个空间，其实是有难度的。因为大部分的设计会运用材质的堆叠、架构，来探索空间各种可能。而极简风格，用最原始本身的特质及形式来表述对于空间的一个看法。因此，面对这样诉求的空间规划，我都会优先设定它未来将完成的面貌，这个面貌诉说着人在这空间里想诉说怎样的生活理念，根据这样的生活理念，进而决定使用材质的多寡。

先锋空间：在您的作品中，干净、利落的空间美感背后是严谨比例和细节尺度的遵循。请以《界》这一作品具体谈谈如何更好地把握空间的尺度和比例。

方信原：建构低度设计的三要素之一，也是最基础的元素"现代主义"。这个要素是设计过程中，架构空间最重要的依据。干净、利落的呈现空间，是我对空间的基本看法。它的背后是严谨的比例和细节尺度的遵循，这样的理论支撑，在现代主义中是有迹可循的。在《界》这件作品中，空间尺度及比例的拿捏，可以说是在这样的学术理论下忠实地落实。另则，来自旅行的体验。在 2016 年，因为德国红点设计奖的关系，我来到德国西北边的一个城市埃森，除了观察城市外，也参观了埃森的现代美术馆，该美术馆是现代建筑结构的呈现，洁净、利落具有力量的美，这种建筑的张力，在尺度、比例的规划上是非常精准的。《界》这个作品中，想使空间的呈现能有这样的体现，厚实的墙体、框架式的门洞车、阻而不绝的空间视觉，都是在透过严谨的结构比例来给空间塑形。譬如用以界定蓝色特殊漆墙面与灰色阶水泥两个不同调性诉求的空间，其增厚的墙体加重了不同场域的界定。而厚墙的数据和墙体高度的比例，是有一定的配比。

先锋空间：您非常注重空间中的留白运用，家具和配饰也是精简到最低限度。请谈谈空间的留白比例怎样把握，怎样做到简而不空。可以以《界》这个作品为例具体谈谈。

方信原：留白，这样的议题，可从中国文化中的国画里寻找到蛛丝马迹，尤其在宋代美学中的单墨画里找到答案。留白，给了人想象与呼吸的空间，从某个程度来说，这是非常的主观。填满，是最容易让人理解的方式，因为具体具象，易于了解，而留白，显然就不是那么容易使人参透其意境。其实，留白是一种境界美的呈现与表达。

在这个案例中，客厅沙发背景墙，除了线性呈现的层板及悬吊式的柜体外，不再多加其他缀物。留白，是个比拟，在空间内，灰色取代了白色，大量质朴的灰墙被留置于空间内。

先锋空间：在色彩运用上，您大多运用低明度的原始材质色彩呈现整体色调，但在点缀色上又运用富有东方韵味的红、蓝色等代表性色彩，呈现出别样的东方韵味。请就《界》这个作品谈谈您的色彩运用观。

方信原：在《界》这个作品中，的确是想用色彩来表达东方文化深厚韵味上的一种体现。然而色彩对于人而言，是主观的，在喜好上，相对于长者来说，色彩是涂料，往往无法让他们体验那份尊贵特殊的感受（比如，大理石、贵金属等材质）。先来探讨尊贵的意义为何？这是个感受性的问题，在《界》这个作品里，颜色是有典故的，在中国，黑色、蓝色、黄色、红色等相关颜色，在古代唯有皇族才可以使用，这些颜色是尊贵的象征。色彩，是一种隐喻。深藏于隐喻背后的那份意义，才是真正的流传。有时，探讨这个问题时，总觉得文化的另一面含义，常常被人忽略。空间纵深的程度，在未来的设计里，文化元素及涵养的探讨，将会是一个重要的课题。

先锋空间：在这一案例中注意到您对家具、配饰及灯具等软件的数量和造型选择上也是将极简法则运用到了极致，整体造型几乎只有干净、利落的方和圆两种，但每一件物件在空间中却自成风景。请问您在家具配饰的运用上怎样做减法？可以《界》为例具体谈谈。

方信原：家具的配饰在极简空间里，常起到画龙点睛的作用。家具的配置、搭配运用模式，其实又回到我们刚刚讨论的留白议题。简，一开始就是少，如果一开始就是少，那家具的配饰自然就会以少为主。少，但是精准表达其于在空间中的含义，如同国画，在画中每添上的一笔，墨之深浅，都存在着意义。

先锋空间：您的作品大多呈现出一种安静、朴素的力量，整体空间感和其中的所有细节布置都以近乎完美的平面形式呈现。能谈谈您作品中的构图原则吗？极简空间的安静氛围怎样呈现？

方信原：我作品中的这种平面式的呈现，严格而言，和过去的教育背景有极大的关系。另外，和我至今喜欢看设计杂志、书籍（包括国外建筑空间的精装书）有关。前者，纯艺术的教育，使我对于何为美有着直观的判断，这是种教育养成的底蕴；后者，使得我累积了更加精准的判断。一本精装的设计作品集，包括照片的挑选、版面的设计等。好的作品集是令人赏心悦目的，每一个的版面，就像是一个空间的立面。这样比喻，我想大家就应该能了解了。

安静氛围的呈现，对我而言，极简空间本身的空间架构，就已形成安静的氛围，而水泥灰色中性的质感传递，使得这种诉求更加容易令人体会。

先锋空间：对极简风格的发展趋势，您怎样看待？

方信原：设计如同历史，它仍在不断地演化中，人们追求一种形式的呈现，在这个追求中，人们仍无法确认极简是设计的终极目标。如同历史，人们无法预测未来将会如何定位？ 但唯一可以确定的是，人们追求生活中的那份美好是不会改变的。

名师谈极简设计——余颢凌

以人为本，遵循自然与客观法则，追求更纯粹的生活美学

余颢凌 余颢凌设计事务所 | 创始人、设计总监

尚舍设计 设计总监
凌尚舍陈设艺术馆 创始人、创意总监
德国 BC 建筑设计事务所 中国区合伙人
中国建筑装饰学会室内设计分会（CIID）成都专委会副秘书长
中国建筑装饰学会室内设计分会（CIID）成都木兰会会长

获奖纪录：
2016 年 新浪设计新势力榜单十佳设计师
2016 年 金堂奖·中国室内设计评选年度优秀办公空间
2016 年 金堂奖·中国室内设计评选年度优秀休闲空间
2017 年 40under40 中国设计杰出青年
2017 年 现代装饰国际传媒奖年度软装陈设空间大奖
2017 年 APDC 亚太室内设计精英邀请赛住宅空间类大奖
2017 年 海信时尚客厅·金牌设计师
2017 年 四川省室内设计精英选拔赛年度十佳大奖获得者
2017 年 金堂奖中国室内设计年度优秀住宅空间
2018 年 陈设中国·晶麒麟陈设空间奖优秀奖

先锋空间：请谈谈您对极简主义设计的理解。

余颢凌：极简主义萌芽于 1960 年左右兴起的一个艺术流派“Minimal Art”，其本质是对传统艺术精神核心的一种反叛，其理念在于艺术的表现形式应该朝向简单的、逻辑的选择发展，是一种反对抽象表现主义的艺术形式。欧洲现代主义建筑大师密斯·凡·德·罗提出“少就是多”的思想，极大地传播了极简主义思想。20 世纪 60—70 年代在艺术领域兴起的包豪斯运动推进了极简主义的正式形成，80 年代极简主义概念向更广阔的领域发展，不仅仅在绘画、雕塑及建筑设计上广泛应用，还包括摄影、海报招贴及包装等视觉艺术。20 世纪 80 年代末 90 年代初期，极简主义开始融入到室内设计领域，主张将设计的元素、色彩、照明、原材料简化到最少的程度，但对色彩、材料的质感要求很高。

我认为就像金庸笔下的武林高手一样，真正的设计大师一定不是花拳绣腿或是故弄玄虚，而是以“无招胜有招”，所谓的极简并不是单纯地停留在形式的空白上，而是要拥有更多深厚的内力。

先锋空间：极简主义的生活方式及设计为何在当前成为一种趋势？

余颢凌：改革开放以后，中国经济与科技的高速发展，带来了社会物质资源的极端丰盛，物质资源的累积到了一定程度之后，精神层面的脱节便开始日益显现。忙碌、浮躁的生活使人们的生活空间受到了挤压，大多数人都身陷多重社会身份的迷途。在膨胀的物质纷至沓来之后，精神的空虚与压力也随之而来。在这种焦虑之下，人们开始重新面对自己的内心，寻找生活的意义与本质，渴望返璞归真，获得喧嚣之外的一份宁静，不再追求繁复花哨的装饰。在这样的认知重构与消费环境下，室内设计经历了由加到减、由繁复到简约的转变，极简主义开始成为一种趋势。

先锋空间：请谈谈您对家的看法，以及您理想中的家是什么样子？

余颢凌：室内设计从本质上来讲是为了给人打造心目中的理想之家。家，对于中国人来讲意义非凡。首先，从历史上讲，家，是人生志向的象征，中国自古就有“修身、齐家、治国、平天下”的儒家信条，家国天下是每个古代知识分子毕生的追求目标；其次，从情结意义上来讲，家是一种精神图腾，它是沉浮于社会的现代人的避风港，是漂泊游子心底的寄托。总之，家是一种文化情怀与地域情愫的融合，是沉淀在每个人血液里的信仰。

具体到一个家庭而言，家中可能同时生活着几代人，他们有着不同的生活习惯与价值观。做设计的过程中就需要把这些因素兼顾起来，挖掘不同客户的内心，创造与环境共生的生活方式。正如包豪斯所倡导的那样，设计的目的是人而不是产品，设计需要遵循自然与客观的法则来进行，去切实地解决人在空间中所遇到的问题。

我认为，理想的家是居住于其中的每个家庭成员都能找到属于自己的位置，它不是固化的某种风格，而是拥有一种统一的调性，同时又融合了每个人对生活的不同理解与感受，整个家就宛如一首和谐的奏鸣曲。

先锋空间：在设计行业这么多年，您一定有很多独到的见解及想法，请谈谈您的设计观。

余颢凌：我个人一直倡导着“无风格”的设计理念，我认为每一件作品，都不能简单地以风格来定义，因为作品从某种意义上来讲，是一种更复杂的存在。我从事室内设计已有20年，经历了设计被风格捆绑的年代。如今，随着中国购房者的消费升级，越来越多的人在装修的时候考虑更多的是回归原点及自我实现，风格已经不能满足这些诉求了。极简手法的设计清除了与人的生活感受无关的多余装饰，突显出人在其中的最急迫体验与需求，追求一种更为纯粹的生活美学，使空间更具生活的意味与居住者个人的精神文化气质。

极简，除去设计手法之外，更是一种生活方式，它能反映出业主的优雅和品位。它能凭借干净的线条、纯粹的色彩，呈现出结构本身隽永的美感。去除那些不必要的烦琐设计和干扰，留下真正的高品质的好物。

先锋空间：在《白麓》这个作品中，您运用到很多减法设计手法。能具体谈谈这一作品的思考发端吗？您想要通过作品诠释怎样的生活方式？

余颢凌：在作品《白麓》中，我就是在寻找一种我所理解的客户所想要的生活方式。生活方式不能单纯地用某种定义来表达与诠释，设计的本质应该是回到生活的原点，寻找触动内心的生活方式。原研哉在《设计中的设计》中曾说过："设计不是一种技能，而是捕捉事物本质的感觉能力和洞察能力。设计师的任务就是提高信息的品质，增强传播的力量。"捕捉业主对家的感受正是这样一种努力，设计师将所察所思反映并呈现到最终的设计作品中，正是筛选价值信息并进行传播的一种过程，同时将业主对生活的感受融入空间之中，以此来实现人与空间的良性互动。家是一种容器，它不应该被某种风格所固化，不能被填得太满，只需着重突一些东西即可，这也正是极简设计所推崇的，设计只是为家提供一种背景，人在其中可以自由地生长，如果太烦琐的话，就会让人产生一种"人去哪儿了？"的疑问。

先锋空间：这个作品在整个空间布局上也是非常独特的，请具体谈谈其中运用的手法。

余颢凌：在对整个空间的格局进行设计的时候，我们借鉴了现代建筑大师柯布西耶对体积控制、表面及轮廓的注重。用简单的几何图形，如一般的方形、圆形及三角形，来进行演绎与延伸，使空间显得自然而然、一气呵成，去除了不必要的繁复与凌乱。《白麓》的空间曲线，有柔和的弧线，有刚直硬朗的直线，最简单、基本的形状融合交错，即形成了目前的空间格局，既显得大气优雅，又有包容的姿态。

先锋空间：整体空间具有非常浓厚的艺术氛围，就像一间纯白的艺廊。请具体谈谈这种纯净的艺术氛围是怎样营造的？

余颢凌：如何挖掘业主的独特需求，并与功能及艺术美学等建立联系，将其融入空间设计中，最终形成一种独特的生活美学与艺术家居，是设计中最大的乐趣与挑战。艺术氛围的营造需要干净的空间，极简设计就是把生活的场景做好做干净，再融入并突显出艺术气息。在满足了功能需求之后，再用贯穿私密空间、公共空间、其他空间之中的艺术品来营造艺术家居的独有氛围。

设计这件作品时，我与业主和其他家庭成员做了很长时间的沟通，知道他们最需要的东西是什么。业主的上一套房子在六年前也是由我负责设计的，所以我对他们家庭成员的成长状况了然于心，知道在每个不同的阶段，什么样的设计最适合他们。

先锋空间：好的空间总是与人共同成长的，会随着生命的变化而不断丰盈。请您谈谈在这一作品中怎样反映出这一点，怎样让空间更富有弹性和变化。

余颢凌：居住者在不同的时期对家有着不同的理解，这种感受会随着年龄的变化而变化。他们的女儿上初中时，我给她做的女儿房有着明丽的色彩，洋溢着青春的气息；她上大学时，我则设计了与之前完全不同的女儿房，加入了更加成熟的灰色调，包括之前有明显的少年气息的玩具格子，到这个时候也被收了起来，做成了收纳，使整个空间变得更加干净、沉稳。空间反映了个性诉求在个人成长的不同阶段的不同转变，空间与个人的共生共长在此得到了完整而巧妙的演绎。

先锋空间：这一空间在灯光与色彩运用方面也是非常高雅、舒适，请具体谈谈这两者的运用。

余颢凌：灯光方面，我一向主张应当遵循的原则是“见光不见灯”，适当地隐藏，能够使整个空间看起来更加简洁与舒适。在《白麓》中，亦是如此，除了审美与功能性兼具的主灯外，全都是设置的隐形灯光，包括一些极简筒灯的运用，整个空间干净整洁、明朗和谐。

色彩方面，一直认为经得起时间考验的色彩才足够经典，《白麓》这个作品主要运用的色彩是黑、白、灰，这些颜色也都是经典色，不会随着时间的改变而受到太大的影响。在作品色彩的营造中，我想突出的是：家居、艺术品与人。客厅的纯白色明亮、高雅，同时点缀了热烈的红色，使之不过于单调。女儿房也根据居住者的年龄来进行色彩的调配，女儿在少女时期用明丽活泼的色彩，女儿上大学之后，对生活有了不同的看法，这时候就把房间的色调换成了灰色，成熟而优雅。

另外，在主卧室中也加入了渐变的橘色，同样是一种心境的变化。整个空间运用了大面积的白色，另外添加了经典的黑、灰两色，大面积的留白，为人营造安静环境的同时，也给人留下了无限的遐想空间，就像原研哉用最擅长的白色来传达他的“无亦所有”的传统美学理念一样。在色彩运用的过程中，要格外注意层次的分配，同一色系的纹理变化及色彩明度的区分，都会带给人很不一样的感觉。

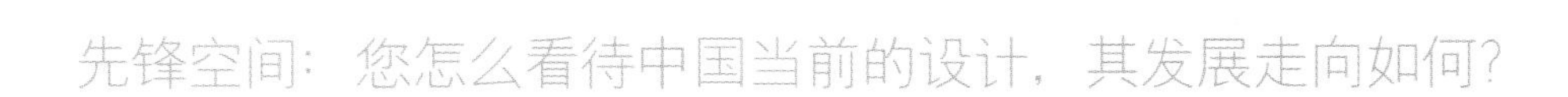

先锋空间：您怎么看待中国当前的设计，其发展走向如何？

余颢凌：正所谓“民族的才是世界的”，对中国传统文化的复兴与回归才是我们以后设计的必经之路。我们近期的作品已经开始尝试把更多具有中国传统文化底蕴的元素融入进来，形成一种“新东方”意蕴。说“新”，是因为它不同于以往传统新中式的厚重与元素堆砌，而是更加灵动写意；说“东方”，是因为中国传统文化在东方的影响力举足轻重，能够立于世界民族之林，在世界中，具备包容与整合的态度，这是“中式”一词所不能涵盖的。中国传统文化底蕴的传承对于我们来讲不仅仅是一种发展方向，更是一种责任。中国传统文化底蕴如何在现代室内设计空间中实现完美的融合与呈现，这是我们接下来应该思考的问题。

名师谈极简设计——林子设计（Lim + Lu）

创造干净的设计，赋予空间故事性和互动性

林子设计（Lim + Lu）

林子设计是一家跨领域设计公司，成立于纽约，目前总部设在香港。林子设计在全球范围内提供建筑、室内、家具和产品设计服务。

林子设计获得了 2017 年法国 Maison & Objet 亚洲新锐设计师奖、香港《Perspective》40 Under 40 设计精英奖和《安邸 AD》2017 中国最具影响力 100 位建筑、设计精英奖。

林振华（Vincent Lim）

林子设计（Lim + Lu）的共同创始人及创意总监。他在香港出生和长大，曾在纽约留学和工作，目前居住在香港。康奈尔大学建筑、艺术 & 规划学院的建筑学士。他曾就职于香港的 Davidclovers 建筑师事务所，嘉柏建筑师事务所和思联建筑设计有限公司，以及纽约的 Kohn Pedersen Fox Associates。

卢曼子（Elaine Lu）

林子设计（Lim + Lu）共同创始人兼总经理。她出生于中国大陆，在亚特兰大长大，曾在纽约留学和工作，目前居住在香港。康奈尔大学建筑、艺术 & 规划学院的建筑学士。她曾就职于丹麦哥本哈根的 Boldsen & Holm 建筑师事务所，纽约的 Robert A.M. Stern 建筑师事务所及蒂芙尼店铺设计。

先锋空间：你们对当下流行的极简主义的生活方式怎样看待？请谈谈你们所推崇的生活理念。

林子设计（Lim + Lu）：当前，我们这代消费者越来越意识到环境和购买商品的涓滴效应。因此，近年来断舍离的文化越来越受到推崇。

在林子设计，我们不喜欢使用“极简主义”这个词，因为它通常意味着将设计简化到几乎为零，对我们来说，这样的风格使设计失去了个性。我会将我们的设计描述为干净的设计而不是极简的设计。我们宁愿从最终的一端开始我们的设计过程，而不是使用还原过程来消除设计中的元素。这非常像厨师，一点一点地添加成分，直到味道完美。如果一个人用一种调味料太重，整个菜都会被毁坏。就像我们的设计一样，我们一点一点地添加元素和细节，直到达到完美的平衡。

就个人而言，我们的家并非极简而是干净的设计。作为喜欢旅行以接触外部世界去获取灵感的设计师，我们的家散落着许多旅行收集的纪念品。我们相信一个家应该具有独特性，并反映生活在其中的人的个性。家中的物品应该与周围的环境很好地协调，而物件本身应该讲述故事。

先锋空间：您有着多年的国外学习和工作经历，请谈谈中外极简主义的区别。

林子设计（Lim + Lu）：在我们看来，由于社交媒体和互联网，整个世界现在都是一个地球村。现在，通过社交媒体即时分享想法和作品，这使得设计师的任务比以往任何时候都更加艰巨，因为设计师一直不断地在移动设备上看到美丽的作品。有了这么多的信息和图片，大脑很难处理所有事情，导致很多想法和接收到的信息看起来非常相似。虽然，你可能认为这是一个原创的想法，但它可能源于一个几天、几周甚至几个月前看过的图像，这看起来可能与你的想法非常相似。因此，许多新的中国家具品牌开始追随更多的国际或西方美学。所以我也想向你提出一个问题：一个中国品牌，生产西方式的设计仍然能被认为是中国设计吗？

先锋空间：你们一直坚持“好的居住空间设计要能体现居住者的性格及特点，并讲述他们的故事”的设计理念。能具体谈谈怎样实现这一理念吗？可以以你们的作品为例进行具体分析。

林子设计（Lim + Lu）：好的设计应该有助于人们利用空间，让他们的生活更轻松，出于这个原因，我们认为好的设计始于项目的早期阶段。我们总是尝试提出问题，并理解客户打算如何使用空间或物件。作为设计师，我们必须能够预测居住者将会如何使用空间，并提出新的观点，即使他们没有意识到这一点。

在好的设计如何反映居住者的生活方式和个性方面，我将以跑马地住宅为例具体分析。由于香港的房地产价格昂贵，公寓的面积越来越小。因此，创建多功能空间并提供多种用途非常重要。在住宅中，当有许多客人来访时，粉红色的房间可以作为客厅的延伸。在其他时候，它可以起到家庭办公室或书房的作用，拉动玻璃推拉门可以创建半私人空间。粉红色的房间还可以在需要时拉上窗帘作为客房，打造完全私密的空间。在这一住宅项目中，空间的设计开始叙述居住者的生活。设计背后有一种理性，每一个元素都是为了达到目的而引入的。

先锋空间：在你们的住宅作品中，大多运用开放式或半开放式的空间分割形式，并以铁框玻璃门的形式进行分隔，呈现出通透、时尚的工业感。请以一个案例谈谈空间的减法设计法则。

林子设计（Lim + Lu）：关于空间，有一点很重要，那就是空间的不同方面之间存在流动和联系。这是通过与客户的持续对话和沟通建立的。一旦项目开始，我们就会尝试采用一种简单而干净的绘图方法来映射这些空间并建立一个干净的布局。在我们看来，一个干净的空间可以使人们放松。

先锋空间：你们作品中的家具及配饰元素的运用也是非常精简而舒适的，有时也会将新与旧的材质相互碰撞。请谈谈怎样做家具及配饰的减法设计。

林子设计（Lim + Lu）：我们的设计理念在家具方面和空间设计一样，我们相信创造干净的设计可以鼓励用户的好奇心，并促进互动性。通过与家具或物体的这些互动，无生命的存在现在被赋予了生命。

我们的家具设计拥有简洁的线条和简单的几何形状 我们的作品形式看起来非常简单。但是，通过生产过程我们了解到，通常情况下外观越简单，生产就越难，特别是在保持高质量的情况下，因为没有地方可以隐藏瑕疵。此外，由于形式相当纯粹，我们对比和并置不同的材料，以给它视觉上的趣味，同时也有人体皮肤接触时的触觉差异。

先锋空间：在你们的简约风格作品中，也常运用不同肌理材质的碰撞呈现空间的自然美感，局部的古典花纹瓷砖的拼贴又演绎出特别的复古美。请以香港跑马地住宅案为例谈谈其中的材料运用。

林子设计（Lim + Lu）：起居室和卧室组成的核心生活空间由暖色的橡木地板统一联结，这模糊了公共空间和私人空间之间的界限，在起居区硬质的表面如金属和大理石的家具与柔和色调的面料平衡。书房装饰有醒目的玉绿色帷幔，可以作为起居室空间的延伸或作为封闭的客卧。空间分界由纹理和材料的细微区别营造流动性，使空间可以毫不费力地融合在一起。

先锋空间：空间中明亮柔美的色彩也是非常大的亮点，营造出浪漫清新的时尚格调。请具体谈谈空间中的色彩运用。

林子设计（Lim + Lu）：在跑马地住宅中，我们选择了能够为空间注入新鲜生命的色彩。客厅和卧室的墙壁漆成白色，带有黑色装饰，意味着休息和放松的空间。与此同时，厨房、书房、步入式衣柜和主浴室均采用丰富的粉彩和深色调，与瓷砖图案完美结合，将核心生活空间与延伸部分并置。

先锋空间：空间内的自然光线及灯光的运用也非常棒，尽量借用自然光线营造纯粹舒适的空间感，对每个独立空间的灯光控制也呈现出温馨的层次感。请具体谈谈其中的光线运用手法。

林子设计（Lim + Lu）：我们倾向于在适当的时候最大化利用自然光。例如在跑马地住宅中，在装修之前，内部具有典型的香港公寓的典型特征：一条狭长的走廊，没有光线，连接三间卧室和明显划分的厨房和客厅空间。空间的改造展现了灵活的生活环境，反映了现代生活的多样性。只需通过移除和重建空间中的某些墙壁，就能够使内部空间变得更加宽阔，充满自然光。在私人空间，如浴室，我们更喜欢使用昏暗的灯光，以营造轻松的氛围。

而在住宅 HM 中，最初是一个完全开放的空间，没有分区，厨房或浴室，只有一侧的窗户，空间要求我们更精准地规划过滤光的布局和促进业主的活动。我们的解决方案是将空间分为两半：私人区域和公共区域。由于阁楼的私人部分没有窗户，我们采用了钢制和玻璃推拉门，将阳光带入卧室和主浴室。

先锋空间：东西方的生活和工作经历对你们的设计工作有何良性影响呢？你们在设计中怎样平衡这两种文化特性呢？

林子设计（Lim + Lu）：我们分别出生在中国大陆和中国香港，然后去了美国学习建筑和实践，并在纽约工作。在国外学习和工作，使我们接触到许多不同的东西。东西方有许多不同之处，但也有很多相似之处。我们借鉴了在开发新设计时所看到和学到的东西。

怀旧是一种强大的灵感来源。例如，Frame Table、Float Table 和 Nest 凳子是在纽约设计和诞生的，而 Mass Series 是在我们搬到香港之后设计的。看看这些，Frame Table、Float Table 和 Nest 凳子，其形状和材料的选择具有更多的东方和中国美学，但是却是西方的设计。相比之下，Mass 系列具有更多的欧洲美学，却是东方设计。这都发生在潜意识里。

我们认为作为设计师，灵感的最佳来源是旅行，了解和理解新文化并获得新视角。这就是林子设计获得大部分灵感的途径。作为有创造力的角色，我们需要不断地观察，并针对我们所看到的提出问题。

先锋空间：你们也同时涉足家具设计领域，请谈谈家具设计对于你们的空间设计有何影响？

林子设计（Lim + Lu）：我们坚信对设计应该整体考虑，在进行空间创意时，我们常常想象并提出适合室内设计的家具和配件。对我们而言，设计是一种生活方式，并不仅限于项目的内部范围。拥有可以与空间相辅相成的家具，可以提升室内设计和家具，它们携手合作，互相受益。因此，我们的许多客户也要求为空间设计定制产品。

在跑马地住宅区，我们设计了许多专门用于此项目的家具。家具的材料选择从室内设计材料调色板中选择，在家具和室内装饰之间创造了良好的对话，家具的设计语言也呼应了室内装饰的元素。

先锋空间：你们怎么样定义好的极简主义设计？

林子设计（Lim + Lu）：在我们看来，干净的设计总是值得赞赏。我们很小心使用“干净”这个词而不是极简主义，因为我们认为干净的设计不一定是极简的。 极简主义需要一个简化过程来达到最终结果，剥离所有不必要的元素。 但是，干净设计可以采用加法。 密斯·凡·德·罗最著名的说法是“少就是多”，但他第二个最著名的说法是“上帝在细节中”。在我们看来，好的设计和伟大的设计之间的区别在于细节。通常当你减少到必需品时，你可能会错过一个机会来增加细节的光彩。

名师谈极简设计——池陈平

好的极简设计，在于回归生活本质及关注当代性

池陈平 北京尚层装饰杭州分公司 | 设计总监

设计不是一种技能，是对事物本质的感知能力和洞察能力，所以要保持艺术家的真挚感情，才能从独特的视角去发现美创造美。

获奖纪录：
浙江最具影响力十大别墅室内建筑师
2016 年 "红玺杯" 尚层装饰集团第二届全国设计大赛金奖
2016 年 亚洲室内设计大赛住宅类银奖
2016 年 室内设计总评榜全国十佳住宅设计奖
2013-2016 年 连续四年入围金堂奖年度优秀作品
2014-2016 年 室内设计总评榜，年度十佳住宅空间作品奖
2015 年 室内设计总评榜，最佳人气设计师
2014 年 "中国住宅设计风尚人物奖" 全国 20 强荣誉称号

先锋空间：请谈谈您理想中的家是什么样子的，在您的作品或您个人的家的设计中实现了吗？

池陈平：每个人对家的想法和期待是不同的，我觉得家是一个有温度的、可以让人放松、舒适的、能容纳一家人生活的"容器"。我们给客户设计家的时候，最重要的一点是舒适。现在已经过了展现表面奢华的阶段，真正的奢华就是让人住得舒适，是实用上的高品位和舒适性，比如对灯光的合理把控和感观上的舒适，对充足收纳的设置及对软装、艺术品的理解与设计。

此外，不同的时期，人的审美关注点也不同。以前，人们认为装一个好看的电视背景墙或沙发背景墙，或者要用昂贵的东西装点才好看。现在，比如有一堵墙，我们可以用透明的玻璃墙替换实体墙，透过玻璃可以看到外面很美的景色，我觉得这样会更吸引人。所以，我们对家的期望，还是要回归到生活的本质，吃、穿、住、用都是非常简单、好用又环保的东西。在家的装修上，环保也是非常重要的，这不仅是指材料环保，更重要的是是否做减法，如果只是靠堆砌元素，它一定是不环保的。

所以我对家的期望值可以归纳为两点：首先，要舒适好用；其次，能有一些个人的喜好、特性融入其中。如果一个空间做出来，我愿意去住，愿意去享受，那这个家就是一个成功的设计作品。

先锋空间：在您看来怎样才能设计出一个简约又好住的家呢？

池陈平：我们擅长全案设计。在前期，比较注重格局对空间的总设计和丈量，我觉得只要把空间关系处理好，简单搭配一些软装就够了，并不需要太多的设计技巧与手法来表现，尽可能地做减法设计。我们的案子都是根据客户的喜好来设计的，经过充分沟通后，我们会将适合业主的风格及他喜欢的东西尽量表现出来。其次，每个案子在结构、建筑、园林方面，以及灯光、家具、软装的设计上，都会有一套标准的流程去严格遵循和实施。另外，对一些定制化的东西会特别对待，比如灯光效果、空间色温、同一空间在不同时间段的灯光的控制和设定等。

我们接触的客户相对比较高端，他们对生活要求很高，也经历过欧式、古典、中式等风格，但一路走过来，他们觉得这些表面性的东西都没有意义，最终他们就想要个安心、舒适、简单的家。我给他们一些建议，并尽可能做减法，在空间、软装等方面尽可能更现代，让整个空间更具当代性。当代性就是身处这个时代的生活性及个性化的体现，我们会特别去营造。

先锋空间：您怎样理解当下流行的极简主义生活方式？请谈谈您所推崇的生活理念。

池陈平：我觉得生活方式与环境有关，你所处的及周围的环境，包括年龄段不同，你对极简风格或极简生活方式会有不同的看法。生活方式还取决于你对事物的看法，以及你对生活的态度。极简主义的生活方式是很便捷、直接的，人与人之间的关系，以及人与事物之间的关系，也是很直接的。但中国现在还处于发展阶段，所处的环境和整个人际关系都比较绕，不够直白，所以大家越来越向往这种很直白的、简约的生活方式。当环境发展的越来越好的时候，它一定会形成简约的生活方式，这是我个人的理解。我们以前比较追崇国外那种非常奢华、复杂的欧式、古典风格，但现在沉静下来才发觉，越简单的东西才越适用，太复杂的东西是经不起推敲的。

我是个 80 后设计师，也是一个父亲，大部分时间都在工作，陪家人的时间比较少。但在近 5 年我坚持晚上不加班，一定要回家吃饭，陪小孩。其实工作与生活是很难分开的，我白天的工作非常忙碌，每天回家喜欢看电视，或者听家人说话，这就是我的放松方式；另外，我和家人每年会外出度假。

对于生活理念，首先，空间的收纳功能一定要多；其次，生活要简单点，比如以前大家都喜欢买各种名牌包、衣服等，最后你会发现超市里 80 多块元的 T 恤是最好穿的，那样的衣服穿起来是没有负担的。你可能会买一件 5、6 千元钱的 T 恤，但它可能很难洗，很难保养。所以，我觉得最简单的生活就是让人保持自然、舒适的状态。

先锋空间：您的很多极简风格作品都是豪宅空间，对于极简的空间怎样处理？请以《世茂之西湖》这个作品为例，具体谈谈怎样处理大体量空间中的留白比例。

池陈平：其实空间大小与风格没有太直接的联系。从风水学的角度来讲，好的通风采光就是最好的风水，所以，好的空间设计师一定不做空间的堆砌，只要把这个空间关系交代好、处理好就够了。我们更多的是在一个经典的空间里，做一些软装搭配，让空间有色彩、有力量，再摆放一些大师的艺术品，或者一些小众艺术家的作品，让空间变得很有张力。

空间的比例关系是很难处理的，首先，这和设计师的从业经验、对事物的看法，以及对空间的处理手法相关。当然，空间最终是和人产生关系，和软装、家具等物品产生关系的，所以每个空间中所有的比例关系都是取决于空间与人的关系。如果这个关系处理不好，空间比例一定是失衡的。合理的空间比例关系，很大部分取决于设计师在前期对结构改造的良好把控。

另外，良好的比例关系的把控取决于设计师对软装与空间，以及人与软装、空间的平衡关系的处理，要处理好这个关系也是蛮难的部分，我觉得主要还得靠经验的积累。以《世茂之西湖》为例，这个空间基本上以白色为主，也不算一个很大的空间，我们在做硬装的时候就开始考虑到人的需求及软装的搭配。在项目开始时，我们的软装和硬装团队就做好沟通，考虑好每一个生活细节与比例关系，包括硬装对空间尺度的归纳也是有一定关系的，所以在开始做方案时，我们就提前考虑、确定好每个细节。比如空间的软装怎样搭配、空间比例多少、色彩搭配怎样运用，之后再按这个方案去表达、呈现。

但很多设计师在做硬装的时候，没有完整的考虑软装的摆放，因为他不确定这些家具是客户自己购买，还是自己去采购，软装方案是否会按方案去执行。很多设计师把控不了自己的客户，就会被客户把控，最后客户自己去采购软装的东西，这是很头疼的事情。但我们在设计之初就把所有的软装方案也确定好，再按这个执行下去，最终的准确度会比较高，所以一定要做整体的考虑。

先锋空间：在您的作品《世茂之西湖》中，整个空间给人宁静而优雅的纯粹感，同时又透露出时尚的艺术气息。请就这一作品具体谈谈极简空间中的这种宁静而纯粹的氛围是怎样营造的，可以运用哪些设计手法达到。

池陈平：做这个案子时，我们没有考虑太多的设计手法。只是给一个 60 多岁的长者做一个安静的空间，这是我们的主题。当你看到这个空间时可能难以想象它是一个 60 多岁长者住的房子，对吧？可能会以为是 80 后、90 后的年轻人住的房子，但他们不一定会喜欢这样的空间。 其实，风格的设定与业主的年龄没有太大关系，你有时明白这就是业主的想法，有时业主的想法让人捉摸不透，做设计的魅力正在于此。

本案的业主能接受这种极简的风格，也能接受设计师大胆地创作这个空间，所以我们就想做得特别一点。在设计这个空间的时候，我们希望弥补之前一个作品的缺憾，希望能有新的提升。所以，在设计这个作品的前期考虑很多，客户也给了很大的信任和支持，让我们可以自由发挥。在上一个作品中，我们对软装、艺术品的植入有些欠缺，包括灯光、收纳的设计也不太全面。对这个房子，我们希望做得更纯粹。因为有前面案子的经验教训，我们也考虑得比较全面了。在此基础上，又运用了很多软装手法，尽可能让空间留白，再运用一些艺术品、家具，让空间变得更灵动，使最终呈现出来的效果是很好的。

先锋空间：这一作品让人印象非常深刻的是整体空间纯白色调的运用，犹如一个纯净、灵动的时尚艺廊，让人瞬间平静下来。请谈谈选择这一主色调的初衷，以及具体的色彩运用原则。

池陈平：我们就是单纯想做黑、白、灰的空间，但又希望这里的黑、白、灰与那种冷淡、阴暗的格调有所不同，我们希望这个空间更有温度、灵性，更具有生活化的痕迹和元素。选择这种色调，业主也是可以接受的，做完之后他给我们打了 90 分。因为他在国外也有一些房子，对各种调性的接受度还是比较高的。其实我们是比较感性的，没有运用太多的技巧和设计手法，但我们对施工的要求非常严格，对项目的落地、现场的执行都是非常苛刻的。我们做的所有风格的项目，手法都不太一样，也没有很重的个人印迹。

先锋空间：空间中的材质运用也是非常大的亮点，特别是其中水墨纹理的纯白石材的运用，让整个空间呈现出灵动、飘逸的意境美。请谈谈极简风格的材料特点及运用法则，并具体分析本案的材料运用手法。

池陈平：我们尽量选择自然的材料：白色的石材、木头、灰色木质的地板，以及白色、灰色的涂料，亚光及亮光的烤漆门板，还有带纹理的雅士白大理石。我们考虑得都很简单，就是用很普通、很简单的材料去营造一种宁静、纯粹的氛围。

先锋空间：其中的灯光演绎及自然光线的运用为空间增色不少，犹如星光熠熠闪烁的灯光为空间披上了一层灵动而纯粹的外衣，令整个空间变得温情、活泼起来。请谈谈极简空间中的灯光设计需要遵循什么原则，怎样让灯光或自然光为空间增色，并具体结合本案的灯光设计。

池陈平：业主希望在房子里能看到星星，所以他买了顶楼。我们也希望做得有趣一点，加入一些浪漫的童年回忆在里面，于是设计了一面星星墙。业主晚上回家的时候就能看到星星，外面是钱塘江；当光线很暗的时候，把墙上星星点点的灯打开，在室内也能看到星星，他也觉得蛮有童趣的。其实在灯光的设计上很困难，因为要考虑检修口的问题，考虑变压器放在哪些地方，还要考虑怎样做更耐用。所以这一系列部件产生了很多问题，最终我们还是解决了。这些部件都是定做的，它们大小不一，工人要非常仔细才能达到要求，在工地上把每个东西都按要求摆好，再根据摆好的形式去制作，我们自己也参与到其中，所以觉得比较有意思。包括所有灯的形状，还有一些细节都是我们自己设计，然后再去定做的。在其他空间的灯光上，我们也尽量做到见光不见灯，运用灯带这种隐藏的方式去营造。

先锋空间：您一直强调：空间要体现人的温度和情感，要建立空间与人的最原始的联系，而很多的豪宅作品都是脱离了人的本质需求的。请谈谈怎样在豪宅空间中很好地体现人与空间的情感联系。

池陈平：首先，做客户想要的东西就好了，不要总是去给客户推荐产品，用任何产品的思维去做空间都是不对的。其实设计师就是处理空间关系的，比如采光、通风有没有问题，业主在这儿待着是否舒服，这些是需要重点考虑的。很多设计师会过多地考虑装饰性，而不考虑舒适性，出发点不同，做出的作品当然也不同。所以，我们在做设计时，并没有什么特别的想法，只是站在客户的角度思考问题，做他想要的东西。其次，当你身处这个环境时，你对环境的感受和理解是怎样的，它的舒适度在哪里。然后，以这些理解和感受为出发点，简单呈现出来就好了，不要考虑过多表面性的东西。另外，要把每套房子都当成自己的家去设计，这样考虑就对了，思维角度决定结果。

生活
艺术之家

时代天芸样板间

设计公司：沃屋陈设顾问设计
主设计师：胡子文
项目位置：广东东莞
项目面积：125 ㎡
摄影师：ingallery

主要材料

烟熏色橡木、卡拉拉石材、Kvadrat 布艺、铜本色金属、马鞍皮等。

创意说明

本案以应有的实用与美感为设计初衷，针对项目所定位的中产阶层人群的生活态度，以及对现代生活的需求为考虑，融入“生活艺术家”的理念。特意配搭简约造型的家具陈设，以及实用性与艺术质感兼具的配饰元素等，营造简约、雅致的艺术氛围，展现具有品质、品位且实用的现代美学生活场景。

平面布置图

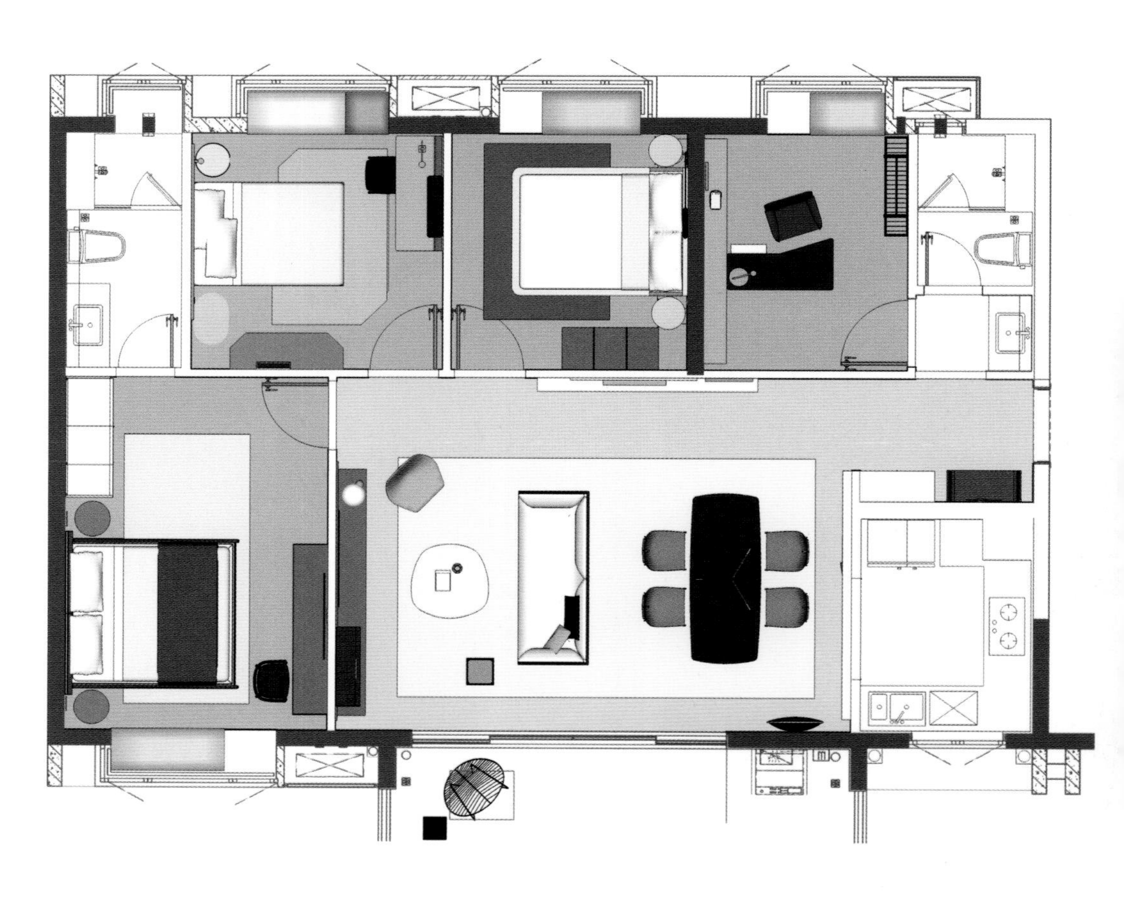

家具选择：弱化造型线条，兼顾形式美感与实用需求

因要兼顾形式上的美感与实际使用需要，设计师选择了造型简约、线条流畅且兼顾功能性的家具进行组合搭配。玄关处特意定制设计了低台度的简约短椅和长椅，方便业主穿鞋，平时也可将鞋一并收纳于椅子下方，满足业主的收纳需求。搭配可根据身高上下调整的艺术镜子，刻画舒适排、美好的居住场景。书房里来源于中国“晒书”灵感的意大利书架偏居一隅，利落的线条拉伸出简洁的造型，因依循业主的生活习惯，特意设计的尺寸与一旁水泥色书桌的高度巧妙契合，仿若融为一体，满足业主的阅读需求，展现业主的艺术品位。

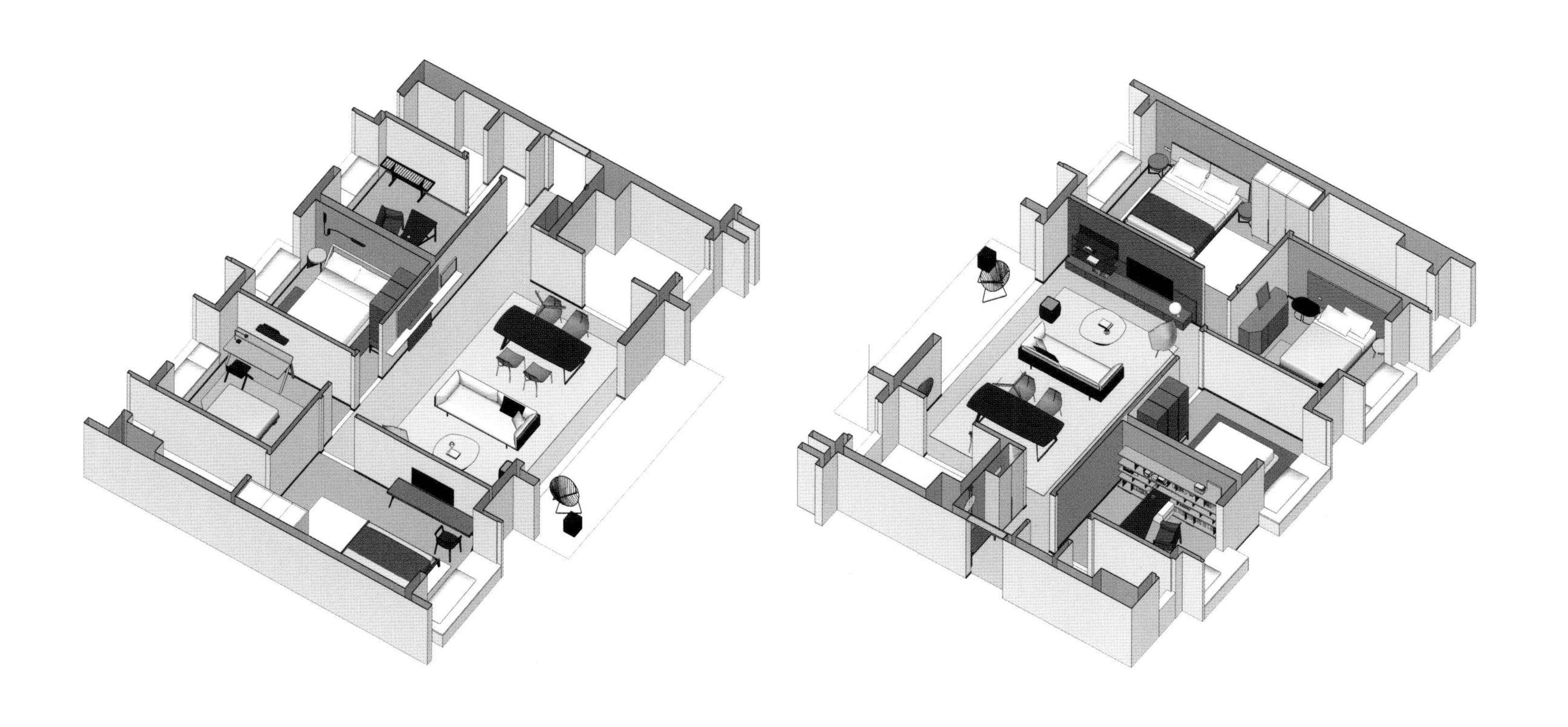

配饰元素：简化装饰元素，满足使用体验

为了满足业主的现代审美与使用体验，设计上从细节处进行简化，搭配实用性与艺术质感兼具的配饰元素。设计师利用过道的墙面安置艺术作品——源自特殊材质的现代立体画，为空间增添视觉效果的同时，也起到了吸音、降噪的实用功能，隐喻独到的审美与气度，任时光穿梭、岁月荏苒，散发出历久弥新的魅力。餐厅侧面悬挂着来自丹麦的顶级音响，配搭简约的玻璃餐具、花器，在艺术质感的外表下，诉说着对高生活品质的向往。

设计说明

《时代天荟》位于粤港澳大湾区黄金走廊腹地 —— 东莞，东莞是连接广州、深圳、香港的重要枢纽。作为打造新生活美学的标杆项目，本案将延续时代地产“生活艺术家”的理念，让更多人实现向往的生活。空间布局的考究，细节的雕琢，每一步的深思熟虑都是对完美的追求。在不同功能的领域划分中，有着截然不同的空间表达，在静谧、清澈中不经意间触碰到内心深处最柔软的角落。从容、雅致的色彩在不同材质的碰撞中显得生动、明快，让时光与人文缓慢发酵，谱写出从容而舒适的空间旋律，构筑别具一格的现代居室。

Dior

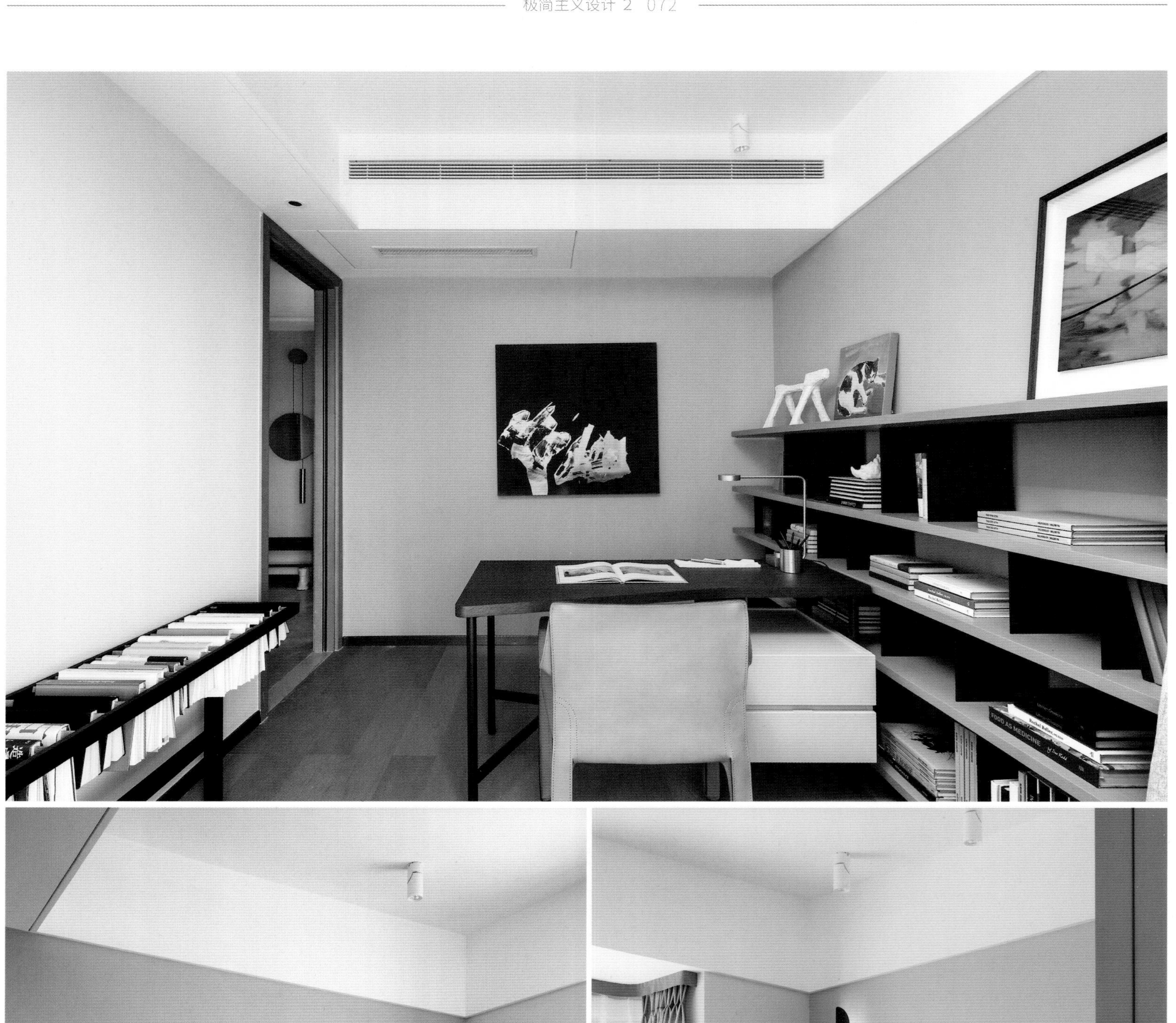

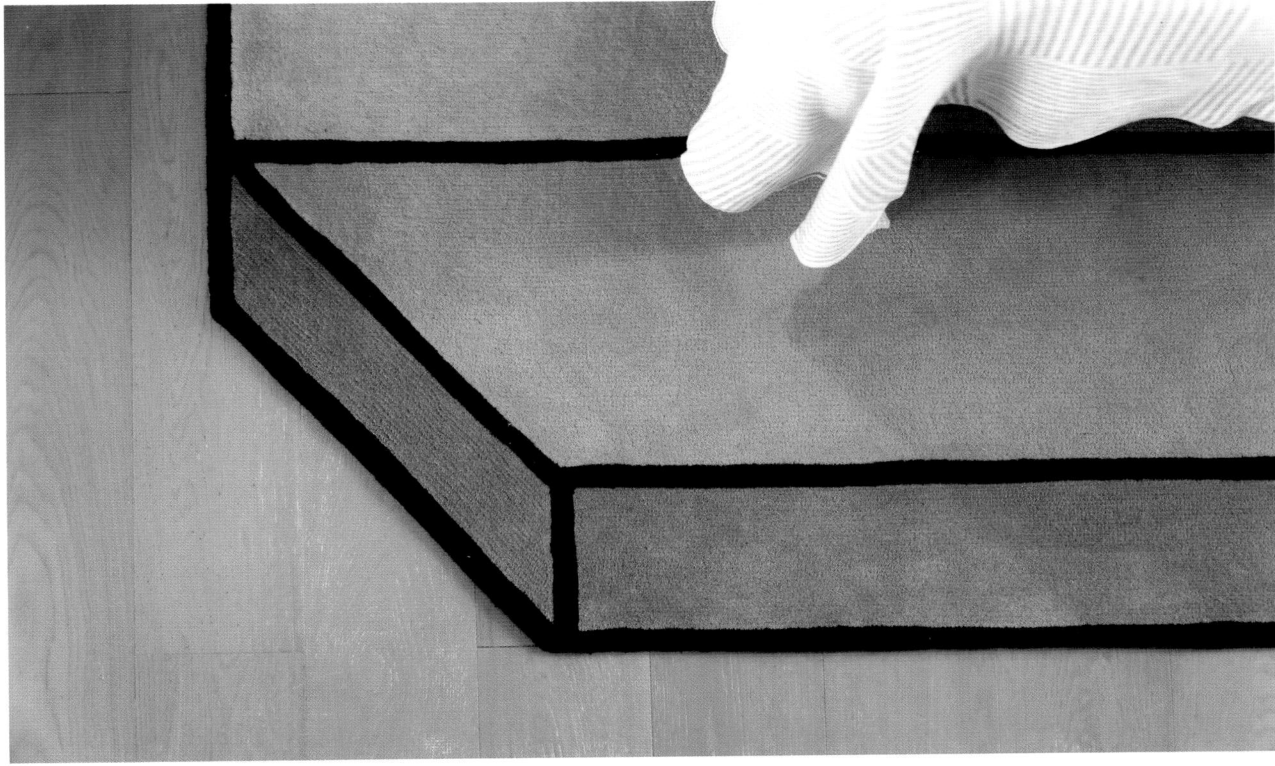

演绎
沉稳格调

融创北京壹号院新样板间标准户型

设计公司：DIA 丹健国际
主设计师：张健
项目地点：北京
项目面积：200 m²
摄影师：罗文

主要材料

雅典娜灰大理石、珊瑚海大理石、染色木皮、不锈钢。

创意说明

在融创北京壹号院新样板间 B3 户型的设计中，DIA 设计了一种沉稳的高级感，而这种高级感结合大地色系的软、硬装，又充满了令人倍感亲切的舒适性。同时，吸纳了从极简主义而来的留白意境，融入国际化意识的审美表达，演绎出极具归属感的居家格调。

色彩搭配：沉稳、自然，适当留白

极简的色彩表达更能简化视觉效果，演绎极具内涵的空间格调。因此，本案以软硬装的大地色系，配合适当的留白，使空间更为纯净、自然。客厅大面积的墙面留白配搭灰色大理石地面及大地色系的家具、布艺，营造现代简约风格的自然与沉稳。在儿童房的设计上，为了在整体上保持户型内审美的一致性，采用了浅色调搭配少许粉色系饰品及风趣挂画等活跃因子，整体风格更为统一。

配饰元素：简化装饰，返璞归真

极简与极繁相克，用几件简单、自然的装饰品塑造简约生活，彰显自身对于生活的态度，才能真正做到返璞归真，还原生活本来的面貌。因此，空间中运用讲究质地、美感和颜色配置的装饰品，给空间带来了美观的效果，让居室更有生活感。墙上艺术感十足的抽象挂画，秩序摆放的小摆件，以及色彩简单却质感纯净的花艺，都美化了居室环境，令空间别有一番生活风味。

高级灰变奏曲

融创北京壹号院新样板间准层样板间 2

设计公司：DIA 丹健国际
主设计师：张健
项目地点：北京
项目面积：360 ㎡
摄影师：罗文

主要材料

雅典娜灰大理石、珊瑚海大理石、染色木皮、不锈钢。

创意说明

本案 B1 户型为连通地下室的复式，为了打破地下室采光相对不足的沉闷，设计师在延续原有严谨协调的手法基础上，增加冷色调及各种活跃因子，弱化仪式感、强化灵动性，使空间呈现一种年轻化的轻奢气质，充满了舒适感。

International

材料运用：不同材料组合，协调空间质感

严控材料之间微妙的组合运用，灯光与顶棚格栅的结合，墙面与地面材质的协调，各类橱柜及硬包的分缝对位，都经过设计师的精心设计。地面及地下的楼梯间采用低调、奢华的金属材质及深色玻璃栏板，深棕色的墙面搭配浅色的地面及顶棚，突出了楼梯间的空间感。自顶层垂坠而下的水晶吊灯成为贯通上下空间的活跃因子，如同跌宕起伏的变奏曲，华丽而灵动。这种对美精确的计算、对细节追求极致的匠心，源自德式严谨。

色彩搭配：降低色彩饱和度，掌控浅调配色比例

为了契合极简主义空间的设计需求，设计师适当降低色彩饱和度，掌控浅调配色的比例，带来舒适的居住体验。在地下居住空间的设计中，为了打破采光不足带来的沉闷，在设计上适度增加冷色调的面积，墙、地面也采用相对较浅的配色，大大提升了空间的舒适性与宽阔感。在设计儿童房时，整体上为了保持与户型内审美的一致性，并没有采取常规的高饱和度配色，而是采用了浅色调搭配少许粉色系饰品及风趣挂画等元素，让空间更加统一且具有个性。

高山流水

云端总裁公馆

设计公司：CCD 香港郑中设计事务所
设计团队：CCD 香港郑中设计事务所
项目位置：湖北武汉
项目面积：6B 户型（558m²）、9B 户型（324m²）

主要材料

玻璃、地毯、艺术品等。

创意说明

为了在简约中式的空间中展现山环水绕、情意相通的融融之情境，本案以中国古琴曲《高山流水》“峨峨兮若泰山，洋洋兮若江河”作为设计主题，借用“昔伯牙鼓琴，子期能知其曲中高山流水之意，两人遂结成知音”的典故，甄选中国艺术家装饰画、海外艺术珍品及限量级收藏品，以及造型淡雅的装置小景，引导人们在不同空间、区域活动。

FIND ME

配饰元素：凝聚自然力量，契合设计主题

室内不乏来自海外的艺术珍品及限量级收藏品，以及多位中国艺术家的签名装饰画。为了致敬自然，所有艺术品皆针对武汉绿地中心项目结合自然材质进行设计创作。公共区域艺术品《绿地》《浮》巨大而显眼，艺术品《绿地》的创作灵感来自开发商绿地中心的名字和项目的地理位置，通过以半透复合材料进行艺术手法塑造水面，每一处起伏的细节，都通过设计师与匠人合作。局部金箔做波光粼粼的点缀，整体色彩在灯光辅助下散发出碧玉般的通透质感。当夕阳西下时，江面波光粼粼的景致与艺术品遥相呼应，美景自然天成。艺术品《浮》则通过对木的一种最佳理解，以及对木本身的极强塑形性进行再次艺术创作，都凝练着源于大自然的神秘力量。

NEW ENGLAND
GROW Vegetables
GROW Vegetables
FRANKRIJK

CAN ART CHANGE
THE WORLD?
JR

采光照明：自然光与人工光的交替变化，暗示空间序列的明暗、开阖

空间明暗、开阖的节奏也是本案的关键之一。在设计师看来，这种空间和氛围的变化是中国传统空间最具魅力的地方。因此，设计营造出来的空间序列在自然光和人工光之间交替；空间的明暗也跟随自然光和人工光的交替而变化；与之同步，视线的通透、封闭、半通透也在这个过程中被精心地安排。人们进入其中，在不同的时间、角度，会看到古典“院落围合”的重现，仿若听见古曲《高山流水》的契合，这在某种程度上也是对时间和空间的经典致敬。

设计说明

绿地中心从项目整体的室内设计理念延续而来，以现代建筑外壳下的“亭台与回廊”作为该区域的设计理念，将接待入口、休息区、洽谈区、艺术空间、样板间通道等多个功能区域设计成东方古典院落中的场景，好似悠远的住居情境融于高山流水之间。设计师在入口处划分出独立的前厅接待空间，将通往不同样板间的通道设计为亭台回廊，一路上以艺术品与装置小景重现古代的竹林小径，引导宾客缓缓步入，如同中国古代若有客来访，主人定当引领其穿过三进院落下榻至厢房。休息区座位疏密分布，有的座位朝向落地窗，可直面长江，阳光透过玻璃幕墙投射在大地色系的地毯上，形成斑驳若树荫的疏影。

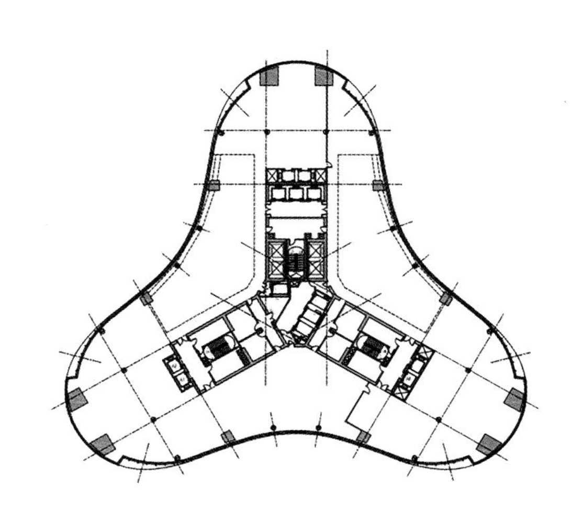

雪月花时最忆君

世茂之西湖

设计公司：杭州尚层装饰
主设计师：池陈平
项目位置：浙江杭州
项目面积：500 ㎡

主要材料

清水玻璃、白色大理石、皮革、茶色金属、素色布料。

创意说明

业主一家非常喜欢极简空间带来的想象和放松。本案因应业主一家的需求，在设计上采用了以黑、白色调为主的极简风格。室内玻璃、石材简单的线条，朴素的色彩，在光影交错间，呈现出最别样的视觉震撼，配合着窗外江景，构筑“琴诗酒伴皆抛我，雪月花时最忆君”的诗意空间。

空间布局：开敞布局，提升空间自由度与关联性

简约的空间效果需要通过提高空间的通透性来实现，因此，本案在处理空间布局上，敞开的格局、流畅的动线，使得空间与空间之间的自由度与关联性得以提高。客厅通过设置大面积落地窗，将窗外江景揽入室内，也将光线一并引入室内，使客厅具有通透感。餐厅采用开放式的设计手法，与客厅直接相连，于无形中造就了通透的起居格局。门厅、客厅、餐厅走廊之间相互连接，形成流动而开敞的布局，营造更高的空间自由度与关联性。

设计说明

诗句“琴诗酒伴皆抛我，雪月花时最忆君”，体现了自古以来中国人的审美意识，或借景抒情，或融情于景。这是“物”作为客观主体与主观感情建立关联的一种美的情趣。本次世茂之西湖 500 m^2 黑白极简风格的实景作品给我们带来别样的视觉震撼。

玄关

现代极简风格代表的池老师说：“对于当代设计来说，纯粹不仅仅是一种格调，更是一种意境，透过设计的纯粹性，可以准确地表达某种意志的精神境界或生存状态”。他还说：“有些设计看起来似乎什么都没有做，但却是惊艳十足。”黑白极简风格豪宅装修的入户玄关线条简单、立面干脆，看似空无一物，唯有光影交错和收口的细节作为辅助。似乎让人们看到了充满信仰和永恒的设计境界。

客厅

会客区充满阳刚亦不乏时尚感，宛若一位气宇轩昂的绅士。在 500 m^2 世茂之西湖实景图中，可以看到大面积的落地窗，框出了最美的风景。临江而居，窗外浪花滔滔。室内静谧、优雅。少就是多，安静、干练在这里被体现得淋漓尽致。

餐厅

餐厅可就餐、可作为临时会议室，开放式格局配合黑白极简风格的设计，更符合现代视角下的审美需求。

门厅

据别墅室内设计师池老师说，业主一家非常喜欢极简空间带来的想象和放松，因为只有当家能满足精神慰藉之后，所有的梦想才会有成真的契机，这便是生活，也于一定程度上规划了设计的方向与目的。

GREAT ARCHITECTURE
VISUAL ARTS
TOWN HOUSE
ENDURING ARCHITECTURE
ENDURING ARCHITECTURE
ENDURING ARCHITECTURE

TOWN HOUSE
TOWN HOUSE
TOWN HOUSE
TOWN HOUSE

设计说明

会议室

由 19 把餐椅和石质餐桌组成的就餐区，黑白极简的颜色有着极为强大的气场，一切装饰去繁从简，更有利于指向主题，也更容易彰显尊贵与奢华。光洁的大理石地面和墙面，因为自然光的反射，把空间分出了层次，明亮的光线通过窗纱，让气氛带有些许灵动，也正因如此才避免了过多色彩的注入。

书房

余秋雨的《文化苦旅》中曾有一段关于书房的论述：走进书房，就像走进了漫长的历史，鸟瞰着辽阔的世界，游弋于无数闪闪烁烁的智能星座之间。我突然变得渺小，又突然变得宏大，书房成了一个典仪，操持着生命的盈亏缩胀。

卧室

别墅黑白极简风格装修的卧室重在表现安静的力量。主要运用了亚光面、皮革、茶色金属及布艺软装等材料，配搭素雅色调，这样的极简设计手法，使豪宅设计中“家”的概念真正回归到了对舒适的现代化生活的追求中。而所谓的奢华，是极致的生活，也是宁静的隐退。

卫浴间

粗犷的黑白纹大理石墙面与细腻的白或黑形成强烈的对比，展现了极为纯粹的设计精神，也许这就是我们所说的灵魂。因为往往豪宅空间设计越简单，细节就越容易突出，所以做到极致才算完美。

材料运用：细腻材质互相配合、产生对话

为了营造平实、简约的氛围，并在材料属性之间形成呼应、产生对话，设计上特意甄选质地细腻、色彩朴素的材质。公共领域剔透的清水玻璃及光洁的大理石互相配合、交织，地面、墙面细腻的白色大理石，坚硬的质感与黑色玻璃推拉门相互统一。在强调精英品位的同时，着力打造空间的协调与舒适，私人领域卧室大量运用亚光面、皮革、茶色金属及布艺软装，配合着素色材质，在豪宅装饰中融入国际化的设计手法。

TOWN HOUSE

设计说明

会议室

由 19 把餐椅和石质餐桌组成的就餐区，黑白极简的颜色有着极为强大的气场，一切装饰去繁从简，更有利于指向主题，也更容易彰显尊贵与奢华。光洁的大理石地面和墙面，因为自然光的反射，把空间分出了层次，明亮的光线通过窗纱，让气氛带有些许灵动，也正因如此才避免了过多色彩的注入。

书房

余秋雨的《文化苦旅》中曾有一段关于书房的论述：走进书房，就像走进了漫长的历史，鸟瞰着辽阔的世界，游弋于无数闪闪烁烁的智能星座之间。我突然变得渺小，又突然变得宏大，书房成了一个典仪，操持着生命的盈亏缩胀。

卧室

别墅黑白极简风格装修的卧室重在表现安静的力量。主要运用了亚光面、皮革、茶色金属及布艺软装等材料，配搭素雅色调，这样的极简设计手法，使豪宅设计中“家”的概念真正回归到了对舒适的现代化生活的追求中。而所谓的奢华，是极致的生活，也是宁静的隐退。

卫浴间

粗犷的黑白纹大理石墙面与细腻的白或黑形成强烈的对比，展现了极为纯粹的设计精神，也许这就是我们所说的灵魂。因为往往豪宅空间设计越简单，细节就越容易突出，所以做到极致才算完美。

材料运用：细腻材质互相配合、产生对话

为了营造平实、简约的氛围，并在材料属性之间形成呼应、产生对话，设计上特意甄选质地细腻、色彩朴素的材质。公共领域剔透的清水玻璃及光洁的大理石互相配合、交织，地面、墙面细腻的白色大理石，坚硬的质感与黑色玻璃推拉门相互统一。在强调精英品位的同时，着力打造空间的协调与舒适，私人领域卧室大量运用亚光面、皮革、茶色金属及布艺软装，配合着素色材质，在豪宅装饰中融入国际化的设计手法。

朴素无华的质感品位

复归于朴

设计公司：共禾筑研设计有限公司
项目位置：台湾台中
项目面积：132.16 ㎡

主要材料

木皮、石材、铁件、玻璃。

创意说明

本案业主喜好大气、开阔的居住环境，因此在设计上摒弃旧有的室内装饰，改以现代简约的设计风格为主题，以洁净的白色为基调，结合自然、朴素的石材、木质元素等，为空间增添暖度，并以简单、利落的线条，带出空间立面的层次感，重新赋予居住空间以崭新面貌。

平面布置图

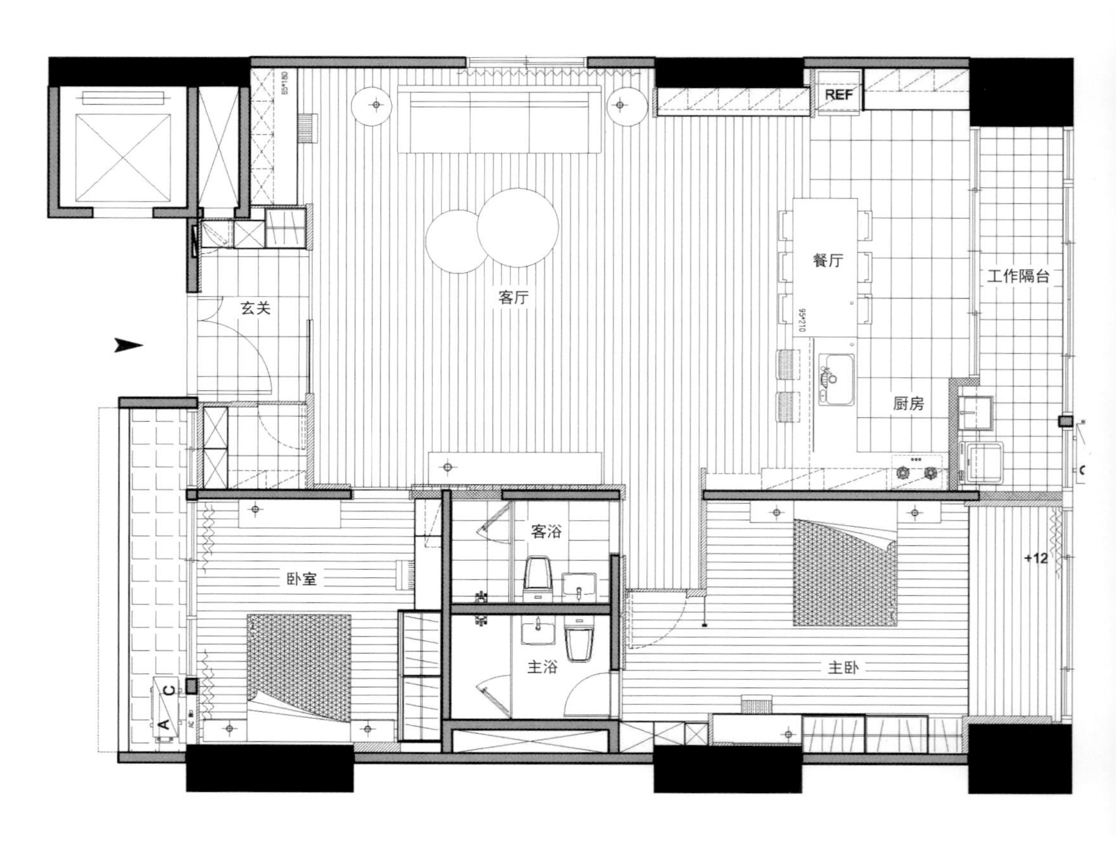

设计说明

本案为 15 年以上的旧屋改造，业主是一位医生，因应业主 3 室改造为 2 室的需求，设计重点为调整格局，放大公共区域。同时变更客浴入口，使客厅电视背景墙得以完整。恢复空间原本的质朴，无华而纯洁，真实而完全。

空间布局：强调空间开敞性与功能性

为了满足业主的需求，设计上强调空间的开敞性与功能性，由此使布局更为简约、整洁。入口处特意设计了一个大尺寸的玄关，带来极为宽敞、明亮的空间感受。公共区域为设计重点，设计师放大了整个公共区域的格局，并在局部嵌入展示功能。同时改变客浴的入口，使客厅电视背景墙得以完整保留。应业主的要求，设计师拆除了原先的小厨房和一个隔间，打造全新的开放式餐厨区，餐桌、工作台、厨房的功能模块一并组合，充分体现设计师对于空间格局的把控能力。

CITY

KELLY HOPPEN STYLE

色彩搭配：细腻色彩营造层次感，强调功能分区

为了简化视觉效果，强调各区域的功能，在设计上摒弃绚丽的色彩，以清浅的色调及层次来达到简化的效果，使得整体设计不过于突兀。整体空间以灰色、木色为主，客厅色温偏暖的木板量体穿插于暖灰色的墙面之间，并演变成收纳柜体、书桌及电视背景墙，配合灰色毛料地毯、家具，以及低饱和度的木地板，在静谧中制造出微妙的色彩层次，打造出充满变化的视觉美感。餐厨区则以工作台及柜体的白色点缀薄荷绿色，轻盈的色彩与客厅形成对比，由此划分出不同的功能分区。

HOUSE DESIGN 1

CENTURY

设计说明

文字成章，其高明之处在于表面修饰下富含思想。设计一个空间，道理亦如此。简洁中的变化，纯粹中的复杂，都为生活带来多样体验。善于驾驭简约风的设计师方磊，受邀操刀设计上海中鹰黑森林秦公馆。

业主是一对 85 后年轻夫妇，从事时尚电商行业。女主人拥有许多名牌包包，男主人喜欢收藏玩偶和潮牌。两人生活上崇尚简单、舒适，对于爱巢的构思独具品位。满怀对家的憧憬，他们多次找寻期许的设计风格，却鲜有中意的，直至发现设计师方磊，双方审美诉求十分契合，于是便开启了一次愉悦的合作之旅。

玄关柜处原始空间结构是三折阶梯状，是玄关处的设计难点。延伸至顶面的亚光烤漆柜门内暗藏抽拉式柜体，完美整合原始空间结构，将储物功能隐藏在线条背后。女主人的包包便放置其中，兼顾实用与美学。简洁意味着用更少的东西打造更耐人寻味的感觉，设计师方磊认为：“简约是一种更高层次的创作境界。在满足功能需求的前提下，将空间、人及物进行合理、精致的组合。”

客厅清透的薄纱窗帘可依据生活场景灵活调整，室内光线也随之变化。沙发后的边桌，既可以陈列饰品，又弥补了沙发后面空白区。少许精致的艺术品点缀，活跃了空间精神层面的表达。

女主人的工作室内，一张书桌临窗而立，轻透的空间让人思绪得以放松和平静。沙发床的布置颇具匠心，可供亲朋好友短期使用。设计师通过不同家具间的搭配，调和空间所带来的生活体验，感官上简洁、利落。同时，女主人的细腻与热情也融在这方小天地中。

软装配饰：甄选品牌配饰，营造生动趣味

在软装设计上，针对业主个人喜好，甄选高级质感的陈设、配饰，彰显业主个人风格与品位，营造生动的趣味感。吧台一侧，精选 Nomon 挂钟与 Christian Liaigre 长凳，简约线条散发着无限张力。可驻足思考、小憩，又不影响动线。客厅沙发旁摆放的限量版 KAWS 玩偶，这无疑让客厅增加趣味性与灵动感，不经意间彰显业主个人风格和品位。电视背景墙采用拉丝面深色金属板，营造视觉焦点。活跃于其中的白色陈列架，则让色彩变换充满韵律，一黑一白间，对比鲜明却和谐共生。源于男主人收藏玩偶和潮牌的喜好，设计师将整墙柜体作为收藏区。置物架上几抹清新色彩透出年轻气息，风格别致的 Artemide 折臂灯与 Flos 枪灯，刚柔并济，碰撞出混搭趣味。扭动开关，整墙藏品随之点亮，宛如男主人精神乐园的展厅。

空间布局：
弱化区域结构与色彩，强调空间比例与布局

本户型为大平层，横厅串联起主次关系，其他功能区域则有序分布在两端。因此，设计师通过强调空间的比例与布局，进退有度地诠释出现代生活主张。由玄关入室，便可直观感受空间的开阔。通过偌大的落地窗可以尽览四周美景，强调入户第一观感。设计上弱化区域结构与色彩，通过一组白色 Flos 吊灯恰到好处地将虚实关系勾勒出来。横厅中的两个立柱为原空间结构，在空间划分上是颇为棘手的设计难点。因此，设计师方磊利用定制拐角沙发巧妙围合立柱，形成客厅。休息区作为联结餐厅与厨房的纽带，沿立柱两侧依势打造等宽吧台，既规避原结构中立柱的限制，又呈现出就餐环境的多样性。

KAWS 公仔趣味乐园

中鹰黑森林秦公馆

设计公司：壹舍设计
主设计师：方磊
项目位置：上海
项目面积：231.8 ㎡
摄影师：Peter Dixie

主要材料

黑色拉丝金属、白色亚面烤漆、氟碳烤漆、胡桃木染色、皮革。

创意说明

设计需要回归生活，功能布局与家居细节应满足二人的实际需求。因此，设计师不断将灵感分解与重组，以直白、简练的语言，将原有普通空间重塑成一个亦简亦潮的舒适居所，不着一字而尽显风流，让这个家变得更温暖、更随性，让简约、舒适自然流淌于每一处空间中。

平面布置图

色彩搭配：大面积留白处理，局部彩色点染

男主人希望出现禅的意境，并需要体现出色彩的简洁。因此，本案空间用同色调和的方式，在大面积留白之中创造微差变化，并配以木色、少量色彩打破空间的冷寂，提高视觉温度，创造出适合居住的空间色彩。客厅白色乳胶漆、白色墙面配搭浅灰色布艺沙发，营造富有禅味的空间意境。而木色的加入及装饰画、窗帘布蓝绿色的点缀，则让空间色彩在微差中更为多变和精巧。

空间布局：强调功能性逻辑

简约的空间布局需要强调功能性逻辑。因此，本案根据功能空间来划分楼层。一层是以日常生活为功能的客厅、餐厅和厨房。二层以老人房及儿童房为主。三层则是主卧层。三个楼层之间彼此关联。一层餐厅是与客厅能互通、交流的空间，适合日常亲朋好友的小聚，同时也兼顾用餐功能，并且与室外庭院有一个很好的空间互动，彰显了极简主义的功能性。

二层平面布置图

三层平面布置图

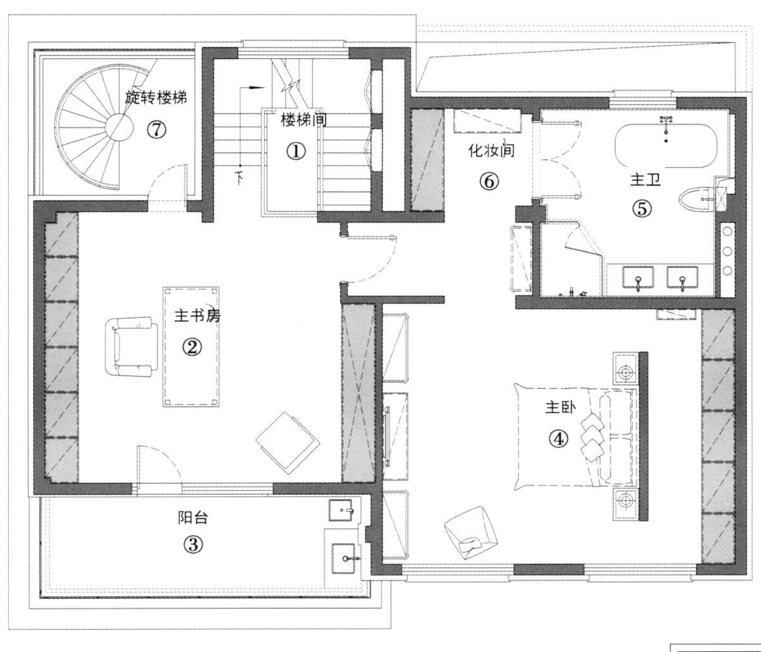

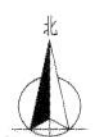

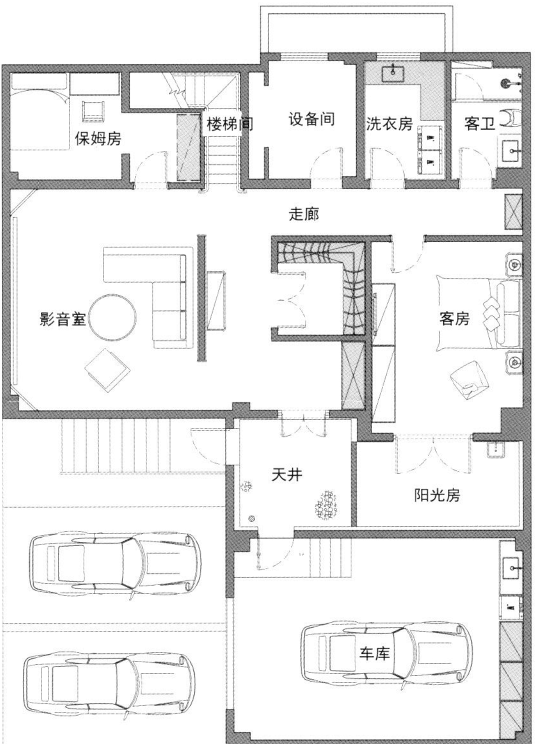

地下一层平面布置图

设计说明

逐渐对欧式风格审美疲劳的业主希望此套住宅空间线条简洁，适合现代人的居住及审美观念，且有禅的意境，于是设计师原创了这套“无印之家”，创意源自日本品牌——无印良品。无印良品是一个日本杂货品牌，在日文中意为无品牌标志的好产品。设计师希望本案取其没有明显风格印记为理念，精选 5 个品牌的家具点缀空间，用简练的空间设计语言，表达当代都市人日趋简约的审美观点。

11:16

HOUSE DESIGN

CENTURY

CENTURY
CENTURY

禅味
空灵之所

无印之家

设计公司：S&L 盛利设计事务所
项目位置：江苏南京
项目面积：560 ㎡

主要材料

木饰面、石材、玻璃、钢。

创意说明

本案是一套位于南京市仙林区的“科技”住宅。为了打造符合业主居住及审美，且有禅意的居住空间，本案采用传统禅意的设计理念，配搭日本无印良品家具及北欧简约家具，根据高度功能化、细节化的需求来二次组织和分割空间，用简约的手法实现一个年轻家庭的生活方式。

一层平面布置图

卧室中设计师的手法变得轻松、简洁，通过随性的视觉陈列方式，泼墨画、Serif TV 及定制多功能架，与床形成错落有致的线面比例，让空间灵秀而富有韧性。铺展开实木色调 Wewood 边柜，呈现百宝箱似的化妆台，摆件、饰品均可收纳于其中。

露台搭配发光座椅与花器，衬托浪漫、温馨的氛围。或云淡风轻、天蓝海阔、或华灯初上、星空万里。业主的缤纷生活在这一隅得以延伸。

设计师方磊坦言：“每个家都有独属于自己的情感流转，家的设计不仅要有空间形体之美，更需包容生活多样性体验。中鹰黑森林秦公馆从感官到心理都让人完整地体会空间气质所营造的美学品位。我相信纵然历经岁月沉淀，这个既纯粹又简约的空间仍能与业主夫妇进行自由而宁静的精神对话。”

温情港湾

安宅

设计公司：常州己十设计
主设计师：金钟
项目位置：江苏常州
项目面积：190 m²
摄影师：Kim

主要材料

木材、大理石、黄铜。

创意说明

本案秉持从减法开始的设计理念，设计上削减一切不必要的繁杂元素，只留下功能性家具及自然材质。设计师严格把控空间线与面的比例关系，并结合虚实光影，演绎高度画面感的立体空间。同时，大面积的空间留白设计，为业主勾勒出一个纯净、简洁的生活空间。

平面布置图

CENTURY
CENTURY

禅味
空灵之所

无印之家

设计公司：S&L 盛利设计事务所
项目位置：江苏南京
项目面积：560 m²

主要材料

木饰面、石材、玻璃、钢。

创意说明

本案是一套位于南京市仙林区的“科技”住宅。为了打造符合业主居住及审美，且有禅意的居住空间，本案采用传统禅意的设计理念，配搭日本无印良品家具及北欧简约家具，根据高度功能化、细节化的需求来二次组织和分割空间，用简约的手法实现一个年轻家庭的生活方式。

一层平面布置图

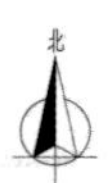

卧室中设计师的手法变得轻松、简洁，通过随性的视觉陈列方式，泼墨画、Serif TV 及定制多功能架，与床形成错落有致的线面比例，让空间灵秀而富有韧性。铺展开实木色调 Wewood 边柜，呈现百宝箱似的化妆台，摆件、饰品均可收纳于其中。

露台搭配发光座椅与花器，衬托浪漫、温馨的氛围。或云淡风轻、天蓝海阔、或华灯初上、星空万里。业主的缤纷生活在这一隅得以延伸。

设计师方磊坦言："每个家都有独属于自己的情感流转，家的设计不仅要有空间形体之美，更需包容生活多样性体验。中鹰黑森林秦公馆从感官到心理都让人完整地体会空间气质所营造的美学品位。我相信纵然历经岁月沉淀，这个既纯粹又简约的空间仍能与业主夫妇进行自由而宁静的精神对话。"

温情港湾

安宅

设计公司：常州己十设计
主设计师：金钟
项目位置：江苏常州
项目面积：190 ㎡
摄影师：Kim

主要材料

木材、大理石、黄铜。

创意说明

本案秉持从减法开始的设计理念，设计上削减一切不必要的繁杂元素，只留下功能性家具及自然材质。设计师严格把控空间线与面的比例关系，并结合虚实光影，演绎高度画面感的立体空间。同时，大面积的空间留白设计，为业主勾勒出一个纯净、简洁的生活空间。

平面布置图

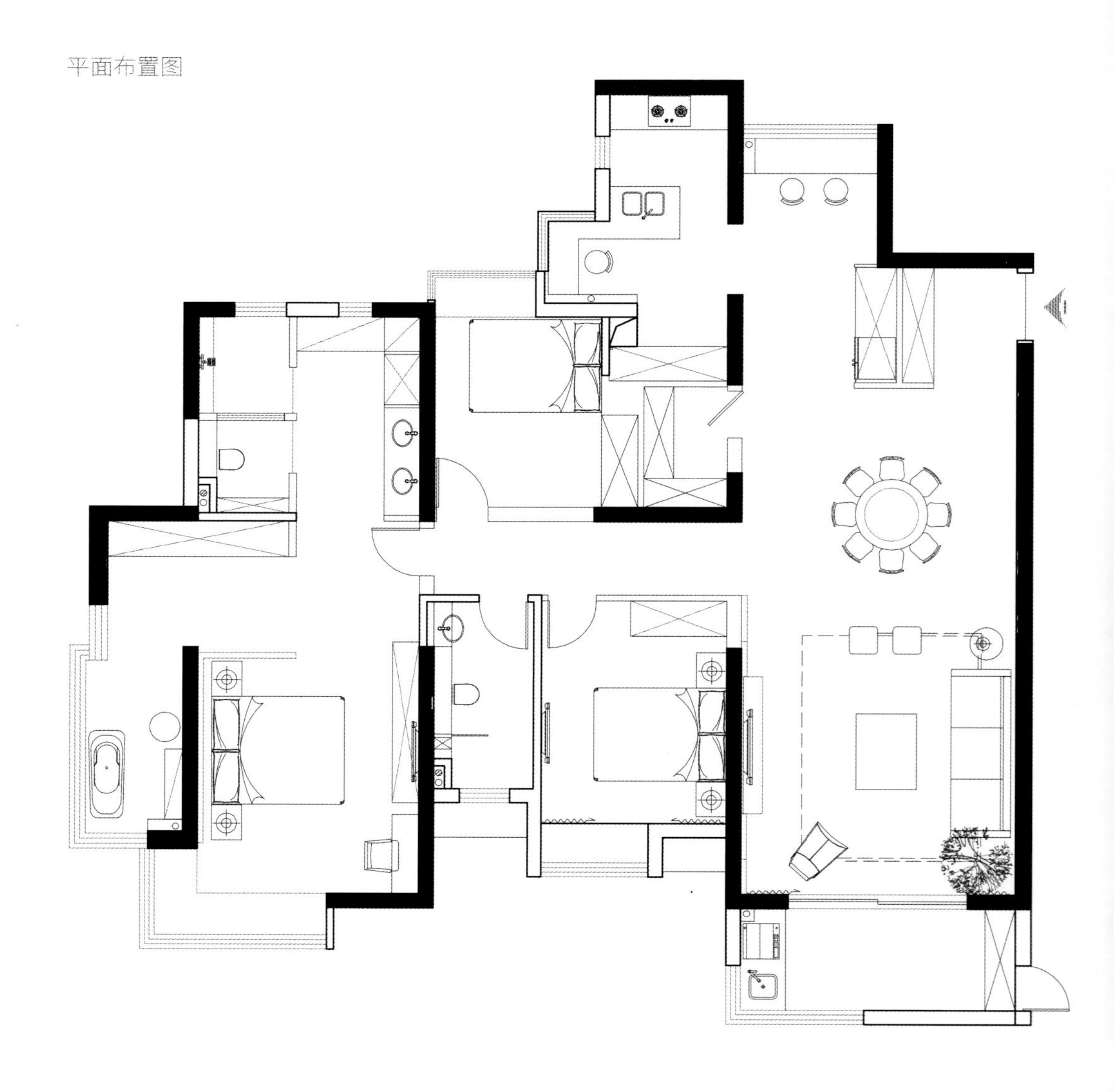

设计说明

业主渴望家居生活可以明亮化和现代化，让家成为亲朋好友的聚会之地，也成为消除疲惫的舒适港湾。因此，温暖、舒适、灵活、自由成为此次设计的主要方向。设计主要集中在厨房、客厅，主卧及浴室这些主人日常享用最多的空间。作为对空间主要家具组合的回应，金属元素被运用到空间的某些特定区域，为柔和而温暖的居住环境增添些许强硬和粗犷气质。

空间布局：灵活自由，联系空间

因应温暖、灵活、自由的设计方向，设计上重点改造了部分布局形式，通过空间的联系促使家庭成员的关系更加亲密。设计的重点在于住宅的客厅、厨房、主卧等空间。整体被分成不同的环境，每一个家庭成员都能够从事他们自己的活动。储藏室一系列储藏柜系统则沿着轴线布置，以满足业主的收纳需求。

色彩搭配：弱化色彩，统一格调

本案减少色彩的使用，通过光与少量色彩的搭配，演绎微妙的视觉变化，达到简约的空间效果。为了使自然光与人造光的效果与作用更加纯粹、自然，设计上减少及弱化了色彩的运用，仅在卧室大胆使用低饱和度的棕红色，其他空间则是黑、白、灰配合木色、浅色石材的天然色，打造宛若天成的空间基调，色彩的弱化与削减更好地统一、完善了空间格调。

CENTURY
CENTURY

变幻魔方

矩形玩列

设计公司：水相设计
主设计师：李智翔、陈晓伶
项目位置：台湾台北
项目面积：125.6 ㎡
摄影师：岑修贤

主要材料

盘多磨、莱姆石、火山灰、采矿岩、皮革、手工漆、不锈钢。

创意说明

为了满足业主独处的喜好，本案在设计上摒弃长条的房型，将一个个小四方体置入室内的大方体内，单元在组合与独立之间造就空间彼此的分隔与关联性。居者在这些大大小小的四方体中，体验“转折、开启、进入”不同的功能性，满足心灵既需要开阔如天地，也需要观照自我的存在的要求。

平面布置图

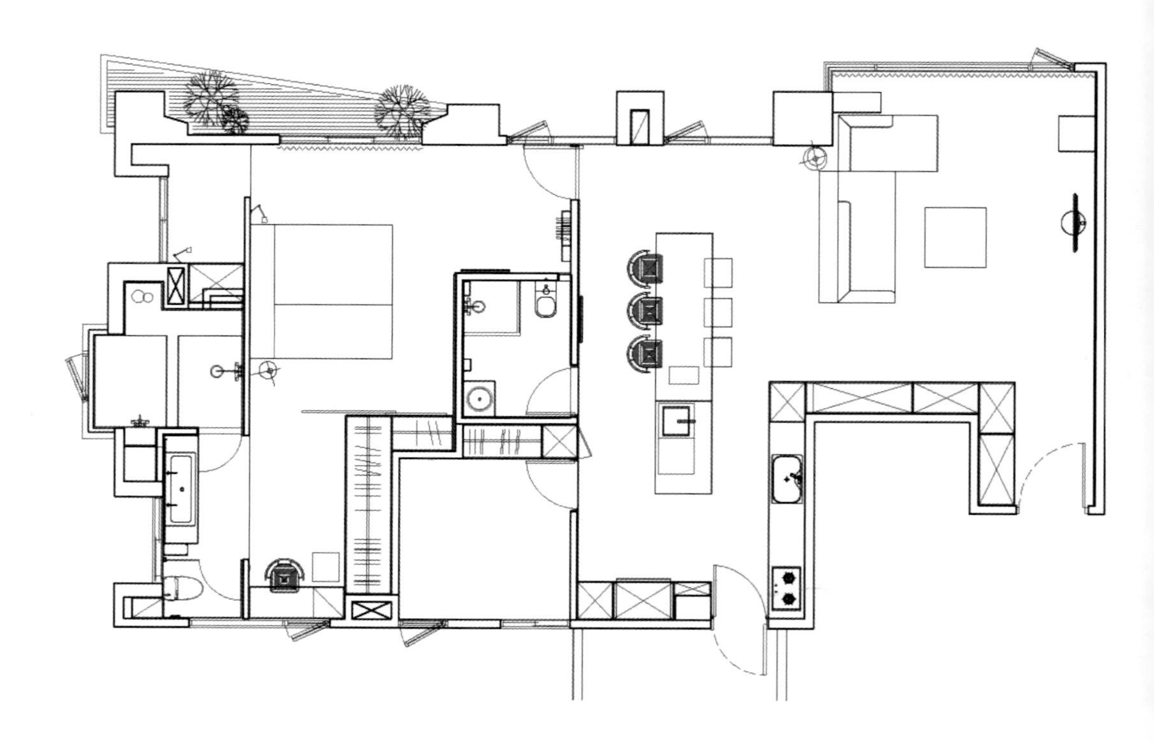

ART NOW

动线设计：开放格局，简化动线

在四方体造型的几何空间中，公、私领域需要结合平面布局打造出简洁的设计动线。因此，设计师以两条主动线，切割出平面图的布局，横轴区分出公共与私人两大区域。餐厅后方隐形门的设计将轴线整理成一幅宽约 7.5m 长的黑色画布，各种功能家具适得其所地摆放，让使用者在一举一动之间自然定义出空间区域。

材料运用及色彩搭配：
材质呼应，提炼名画色彩

为呼应极简主义的表达，空间材质处理极为简约，仅采用盘多磨、石材、木作等产生对话，空间色彩也被简化为深邃的黑色、明朗的白色。盘多磨处理的地面为公共区域带来最为舒适的脚底触感，搭配白色的柜体和软装等，营造出轻柔、舒缓的视觉观感。餐厅后方最重要的主墙，设计灵感来自于运用黑色创作而闻名于世的画家 Soulages 的黑色基底，这张令人为之动容的黑色画布，可以随着自然光线角度的变化，在细微之处产生如同万花筒般迷幻的趣味。在白色石材餐桌的烘托下，让空间也越加富有生命力。

材料运用及色彩搭配：
材质呼应，提炼名画色彩

为呼应极简主义的表达，空间材质处理极为简约，仅采用盘多磨、石材、木作等产生对话，空间色彩也被简化为深邃的黑色、明朗的白色。盘多磨处理的地面为公共区域带来最为舒适的脚底触感，搭配白色的柜体和软装等，营造出轻柔、舒缓的视觉观感。餐厅后方最重要的主墙，设计灵感来自于运用黑色创作而闻名于世的画家 Soulages 的黑色基底，这张令人为之动容的黑色画布，可以随着自然光线角度的变化，在细微之处产生如同万花筒般迷幻的趣味。在白色石材餐桌的烘托下，让空间也越加富有生命力。

设计说明

业主有喜好独处的习惯，因此设计师将制式长条家居的蔽障去除，刻意创造“角落”。在大四方体的室内空间中加入很多的小四方体，并利用组合和独立的单元对空间进行分割、连接，饱含趣味性的几何空间，为业主带来不同的空间体验，满足业主的功能及精神需求。

两条主动线切割平面图布局，横轴区分出公、私人区域，纵轴紧邻落地窗一侧为连贯公、私区域的光廊，使得自然光的散布深度更具表情。最重要的主墙的设计灵感来自 Soulages 的黑色基底创作，隐形门设计配合一幅黑色画布，各种功能家具可按照需求摆放，营造简洁、随心、随性的居家氛围。

卧室灰色莱姆石的床头背景墙是空间的端景，也是具有功能性的过渡空间，分隔出私密性的卧榻空间及半开放卫浴区域。并以推拉门界分寝区、更衣区。拉门一开，整室明亮、宽敞；一合，便成为令人安心的睡眠空间。

低奢灰调

惠州美泰名铸样板间 II

设计公司：戴勇室内设计师事务所
主设计师：戴勇
项目位置：广东惠州
项目面积：108 ㎡
摄影师：陈彦铭

主要材料

乔布斯云石、灰橡木饰面、橡木木地板、瓷砖、布艺、壁纸。

创意说明

秉持高雅、大气的美学设计及考究、专注的工艺手法，本案室内运用天然的石材和前卫的铁艺展现业主喜好明快、简洁氛围的个性。设计上还以宽阔、开敞的优越空间和沉稳、雅致的灰色调，注入人性化的点滴，增值服务细节，铸造简洁而大气的匠心之作。

平面布置图

CORPORATE & INSTITUTIONAL

家具选择：简化摆设，合理陈设家具

为了不让家具过分抢眼，并能与纯净的色调、通透的布局融为一体，本案简化摆设，合理陈设家具。客厅为了突显简洁、大方的空间效果，特意摆放具有极简主义特色的铁艺茶几、黑色皮质沙发，使得会客空间的动线更加简洁、流畅；餐厅光滑而细腻的木质座椅拥有纯黑色调的皮质坐垫，造型简约、线条流畅，配搭圆形大理石材质餐桌、自由区隔的置物柜，让空间更通透、动线更清晰，同时营造出空间的大气与利落感。

采光设计：大面积采光配搭浅色色调，打造景深层次

为了塑造一种轻盈、通透的空间感受，设计上以大面积的采光调和浅色调，打造出大气的景深层次。客厅大面积落地窗将室外明媚、和煦的光线和旖旎、曼妙的城市风景一并纳入室内。墙面和地面黑、白、灰的主色调彼此交织、层叠，调配着通透的采光设计和丹麦原创风格家居陈设，并借助推拉门与德国 ROTO 配件，延展出细致而大气的景深层次，营造低调却华丽的大气氛围。

设计说明

“设计思源来自对生活的体验，将艺术和生活完美结合，让居所散发出骨子里的艺术品位。”——戴勇

择大亚湾西区上域之地，铸湾区尚品之家。设计师在美泰名铸项目设计中像对待艺术品一样精研每寸空间，为城市繁华和自然宁静找到最佳平衡。匠心独运，铸造高品质生活。

双层中空 Low-E 钢化玻璃，隔音、隔热、防紫外线。厨房动线合理流畅，西门子整体橱柜完善了厨房系统，尊贵而典雅。卧室以简洁的线条划分空间，色调温和富有肌理，将冷静与客观、清新与明丽结合，映衬一丝低调的涵雅。刚中带柔、舒适在前、奢华在后。美国进口的科勒卫浴洁具系统，将符合人体工程学的设计美学融入业主的生活，于细节处铸就奢华的体验。将生活艺术化，艺术生活化。舒适、质朴又不失个性的静雅生活在此铸就。

曲线轨迹

华尔道夫蔡宅

设计公司：陆希杰设计事业有限公司
主设计师：陆希杰
项目位置：台湾台北
项目面积：198 ㎡
摄影师：Marc Gerritsen

主要材料

盘多磨、卡拉拉白大理石、印度黑花岗岩、染黑橡木、茶色玻璃、马鞍皮、中空板。

创意说明

本案以展开与简化作为视觉主轴，用最简化、最精确的设计手法贯穿全室的不同生活空间。整个室内空间皆包覆于一弧形曲线顶棚之下，由厨房、餐厅、客厅延伸至主卧室转折成床头背景墙，并融入各项功能于其中，以最少的线条满足各种空间需求。

平面布置图

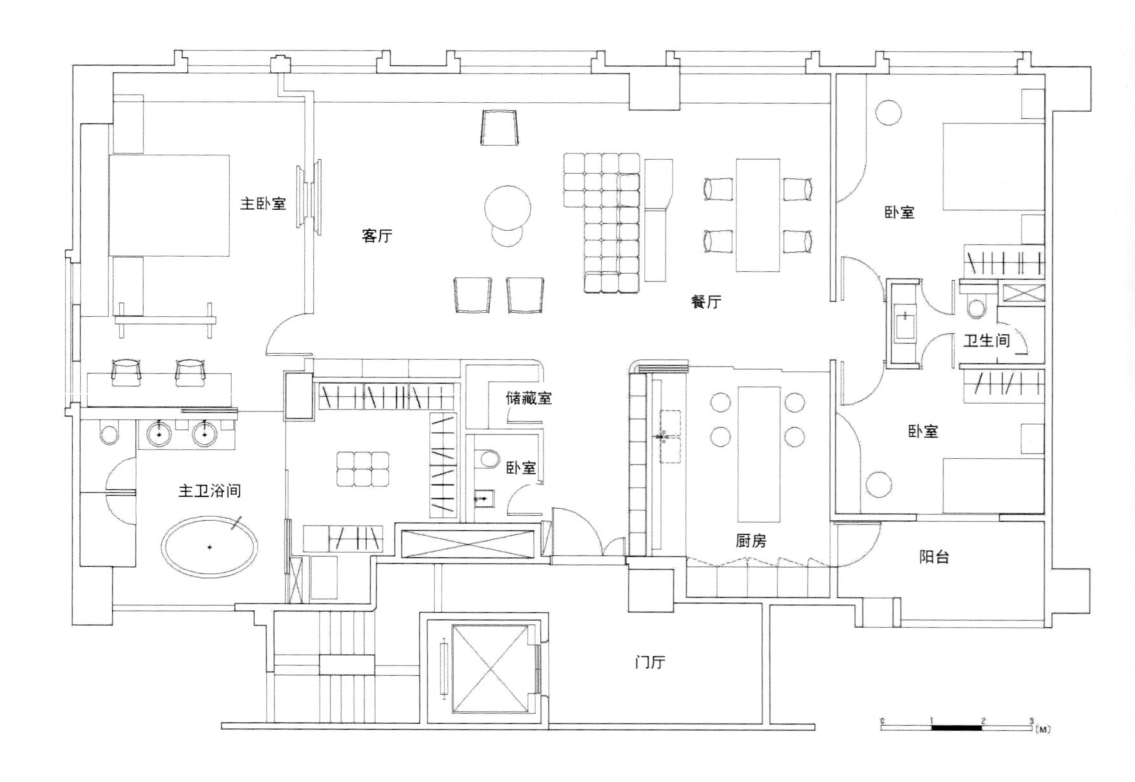

设计说明

本案虽以极简、流畅作为设计主轴，在细节之处却相当着墨，客厅主墙与顶棚衔接处以镜面作为垂直面与水平面的交界，使得顶棚无限延伸，丰富视觉观感。另外，客厅弧形墙面与采用白色钢琴烤漆的书柜藏于单纯的线条当中，在材质与色调上呼应顶棚，延伸与渐变。而主卧室顶棚延续客厅的曲面顶棚，在靠窗处制造斜面的方式，犹如阁楼一般。主卫浴间以拱形顶棚搭配壁灯与间接光源，创造一种舒适、放松的感觉。

空间造型：
简化造型层次，统一空间形态

大面积留白处理的极简空间，为了塑造具有整体感的空间造型，设计上简化室内造型层次，通过弧形曲线顶棚与最少的线条，演绎简约的空间形态。弧形顶棚设计从客厅延伸至餐厨区、主卧室，如飞机航行的轨迹，也如缓缓铺开的卷轴，简约的配色、柔美的线条，组合成极具美感的空间画面。而主卧室白色顶棚则延续客厅的曲面形式，在靠窗处设计师特意制造斜面的方式收尾，营造出阁楼般的温馨空间。

材料运用：延伸视觉，丰富观感

为了贯彻简约设计，强调极简主义，本案结合空间线条、色调配搭纯净的硬装材质，延伸与丰富视觉观感。客厅白色墙面与顶棚的交接处搭配一块镜面，起到了视觉延伸的效果，同时也增大了视觉空间。弧形墙面与白色钢琴烤漆书柜与顶棚形成呼应，通过线条的曲与直、材质的硬朗与柔软的对比，使空间通透而整体。

光影交叠

深耕十期样板房

设计公司：相即设计
主设计师：吕世民、林怡菁
项目位置：台湾桃园
项目面积：116.8 ㎡
摄影师：卢春宇

主要材料

灰色大理石、银丝实木、茶镜。

创意说明

业主希望在感官上更为简约，身心上更为放松，于是在设计上通过点、线、面直白的组成元素结合木材、石材等材质，交叠虚实光影，刻画出丰富的空间层次，让空间散发出极简主义的现代气质。入户后视野极为开阔，空间中刻意留白，展现沉稳气度，营造时尚而现代的空间体验。

平面布置图

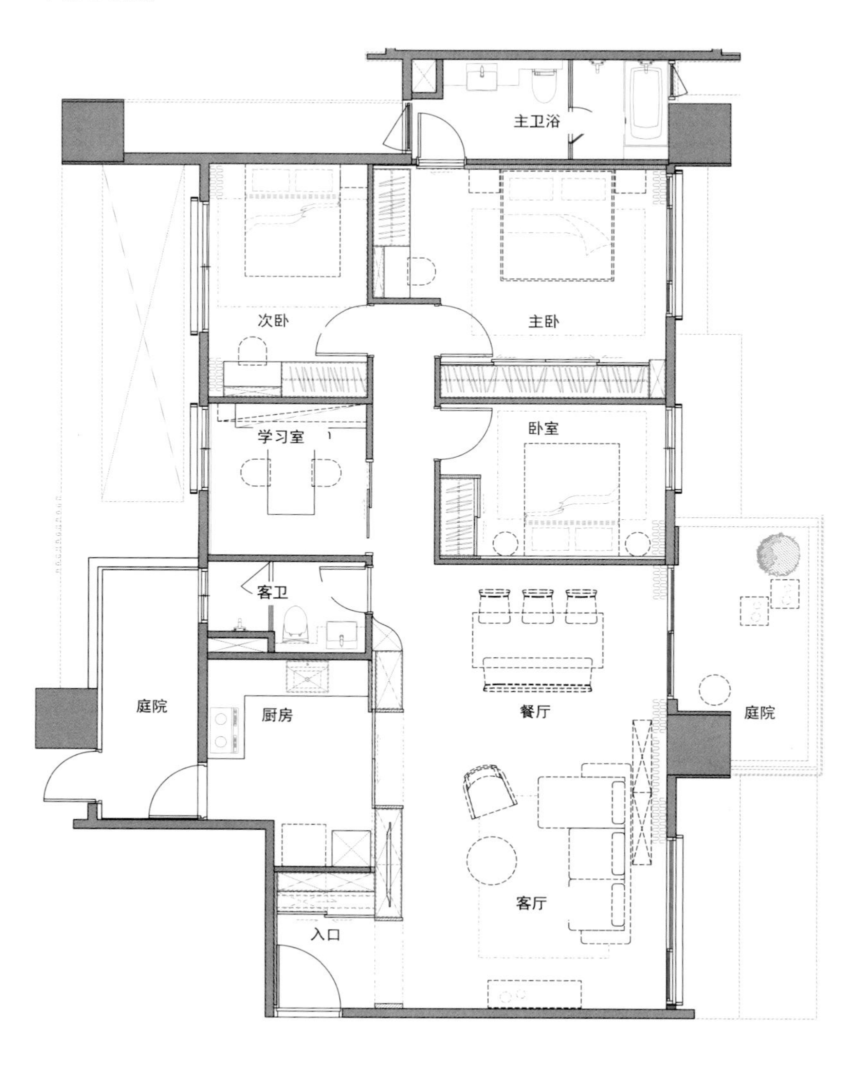

设计说明

家，是人们心灵沉淀的场所。浅色调的空间，添上层次感的家具，丰富视觉轮廓。线与面建构虚实、交叠光影，水墨白石纹自由挥洒，茶镜穿梭于光影之间。廊道虚实变化，贯彻宅邸气度。穿透感极强的隔屏，结合简约木质制造空间层次。灰阶线条赋予空间温润质感，营造醇厚的人文空间。

家具选择：轻体量，简造型

小户型的居室需要选择不出格、不笨重的家具，否则会适得其反，破坏整体空间氛围。因此，出于对小户型的考虑，本案精简家具尺寸、造型，并注重合理搭配，极力还原空间精简本质。客厅置物架、边柜家具拥有轻盈、小巧的体量，简单、平实的线条，而轻薄大理石桌面的茶几则配以小巧的桌脚，简约造型的布艺沙发、沙发椅更是简单、明了，满足了小户型空间中家具选择的需求。

材料运用：删繁为简，注重质感

为了塑造简洁的空间氛围，在设计上摒弃烦琐和杂乱，精选高品质材质。空间中主要以素色的石材和木质为主，呈现极简风格最真实、自然的一面。灰色大理石材质为墙面赋予光滑的肌理与色泽，提升了空间的品质感。银丝实木皮包覆于柜面、墙面之上，简洁的线条、细腻的质感丰富了视觉感官，茶镜等金属则于光影之间闪烁变幻，提升了视觉上的精彩度，为空间注入些许现代情趣。

香奈儿
时尚之家

香奈儿 1883

设计公司：欧米设计有限公司
主设计师：黄恒星
项目位置：台湾新竹
项目面积：170 ㎡

主要材料

粉体烤漆铁管、安心居意利大瓷砖、人造石、贴皮板材、Egger 板材、TOTO 埋墙式淋浴、丝柔百叶、实木百叶。

创意说明

女主人大胆、前卫、洒脱、不羁。针对业主的独特气质与个性，项目以 Gabrielle Bonheur Chanel 本人为设计灵感——她创造伟大的时尚帝国，同时追求自己想要的生活，其本身就是女性自主的最佳典范。本案为业主量身打造，在设计上突破传统束缚，注重整体感受，彰显高雅、简洁、时尚的空间格调。

平面布置图

设计说明

本案的设计呈现出女主人独特气质与个性——想法大胆前瞻，不受他人影响，充满现代与时尚气质。掌握时尚、拒绝陈规；爱上阳光轻抚脸颊的感觉，以热忱为灵感，果敢创作，充满真挚和自然。光影无间穿透，留下白色时尚的印记；生活区虽明确分割，但能相互连接；拆除不必要的隔墙，移除不必要的门栅，没有太多的私密，抗拒封闭般的密室。

客厅

借由穿透性的设计，让几何体块与简洁色彩，在空间中组合、变幻，表达对于自由与不羁的向往。现代简约的顶棚交错灯带与光影，把时尚、炫酷的都市色彩，点染于空间每一角落。地灯投射的光影，界分不同地坪。于丝柔百叶相映的植物景观中，享受温柔的绿意。

隔间与走廊

规律几何的墙面围绕着穿透的主隔间，充满着自信与前瞻。一笔画构思的视觉铁件，掩映于灯光之下，吸引来自走廊远处的好奇目光。铁件上方的方块造型顶棚，层层叠叠，呈现现实与虚幻交织的错觉。

主卧与主浴

主卧空间以灯光为画笔，描摹主床的轮廓。适当的灯光点缀着空间，让人感受到不同情景的调性。灯光穿透玻璃，散发诱人的浪漫。黑色烤漆玻璃替代典型的壁砖，摒弃不必要的分割线，呈现出非凡质感。特殊设计的洗手台，配搭黑铁脚架，简洁而大方。

儿童房

透过短柜于无墙的格间划分不同分区，空间因此可以畅通无阻，于此地可以分享孩子的生活点滴，陪伴孩子走过童年岁月。

灯光照明：
模块化照明，营造不同情境体验

照度决定了一个空间的明暗程度，光源的色温决定空间的整体氛围。因此，本案以不同照度与色温的灯光结合不同的灯光情境，勾勒出不同区域与功能空间。为了展现错综层次的空间形态，公共区域顶棚交错暖黄色灯带与光影，舍弃多余的可见灯具，还原空间的简洁面貌。木质地板灯带投射的光影，勾勒出地面层次，区分客、餐厅区域。色温偏低的白色灯带则让公共空间切换到不同的灯光情境，适当的灯光点缀着空间，让人感受到不同情境的空间调性。

材料运用：精炼材质，突出亮点

为了突出简洁空间中的精髓，本案精炼材质，以焦点汇聚的概念来营造视觉构成。走廊端景观墙处有为空间架构专门设计的视觉铁件，配合神圣的黄色灯光及层层叠叠的方块造型顶棚，成为提升空间情趣的点睛之笔，呈现现实与虚幻交织的感观错觉。以“Villa”为主题打造的主卧，实木地板、混凝土墙及玻璃的运用十分精简，反而突显出灯光的浪漫而柔和，特殊设计的清水玻璃隔间，配搭黑色铁质脚架，整体简洁而大方。

Kolos Furnishing

冷峻空间
容纳的暖意

空 · 巷

设计公司：以勒设计
项目位置：四川成都
项目面积：140 m²
摄影师：李恒

主要材料

科勒卫浴、乔登卫浴、西门子电器、宣伟涂料、LD 瓷砖、简集木定制、动动佳木门、克洛斯邦、纯进口德国 ROOMS 地板、伟克照明。

创意说明

极简不是冷淡，也不算拘泥于一种静态、固定的形式。因此，虽然设计师采用了极简风格，但是住宅室内并不显得单调、空乏，反而令人感到温暖和心安。开放式的客、餐厅作为房间的核心区域，打造出一个色调质朴、色温偏暖的空间，从而创造出动态的氛围。角落里的饰品，如装饰画、绿植，彰显出业主的艺术修养和独特趣味，为业主营造了一个绝对安静、亲密的暖意空间。

平面布置图

设计说明

在空间里，有实有虚、有形有体，但最难得的是可以用冷峻来容纳温暖。可以两个人一起吃饭、一起上网、一起聊天、一起边烤火边阅读。这样的空间，一家人看中彼此的关系，让家不再冰冷，人与人产生了亲密的互动。

空间布局：移除隔墙，简化布局

为了呈现空间的简约性，在设计上移除了公、私领域中的隔墙，以通透的玻璃取而代之，区分出功能区域，增添空间的灵活性与通透感。原有公共空间较为狭窄，为了令空间更为开阔，设计师拆除了一个隔间，并在其中部置入一面玻璃墙，划分出客厅与餐厨区，同时也满足了厨房对于洁净感的追求。卧室则一并移除了隔墙，使整体空间更为简洁、通透、开敞。

空间造型：比例适当，简化元素

简约的空间在造型设计上需讲究比例适当，并注重点、线、面等几何元素的简化运用，使得空间构图明确而美观，达到极简主义的目的。因此，本案采用了简约的处理手法，整体空间并无太多繁杂元素，简单的几根线条，便勾勒出空间的极简神韵。无论是嵌入墙体内的壁炉，还是线条简约的玻璃窗，都经过了严谨的推敲。装饰画的比例和大小也经过了设计师的精心推算，平衡了视觉空间，打造出一个净、简、素的居住空间。

空间错置的幽默戏法

记忆味道

设计公司：水相设计
主设计师：李智翔、廖婉君
项目位置：台湾台北
项目面积：119 ㎡
摄影师：李国民

主要材料

黑铁烤漆、金属冲孔板、玫瑰木木皮、铁刀木皮钢刷质感、喷砂亚克力、手工漆、卡拉拉白大理石、赛丽石、观音石、雅士白大理石、浅灰白色薄砖。

创意说明

从事喜帖设计的女主人，有着兼具制版、压模、镭雕、烫金等工艺设计的高尚品位。于是，设计师在香氛品牌 Mad et Len 中找到手作限定与简练姿态的着迷质感，并让空间拟作具有香氛气息的艺术品，于是生活的温度成为记忆味道的最佳萃取。将业主夫妇的日常，如铅球、铁饼、标枪、阅读等爱好，幻化成在空气中扩散的因子，搭配高挑的复层书墙与展架，提炼出整个居家的个性印象。

平面布置图

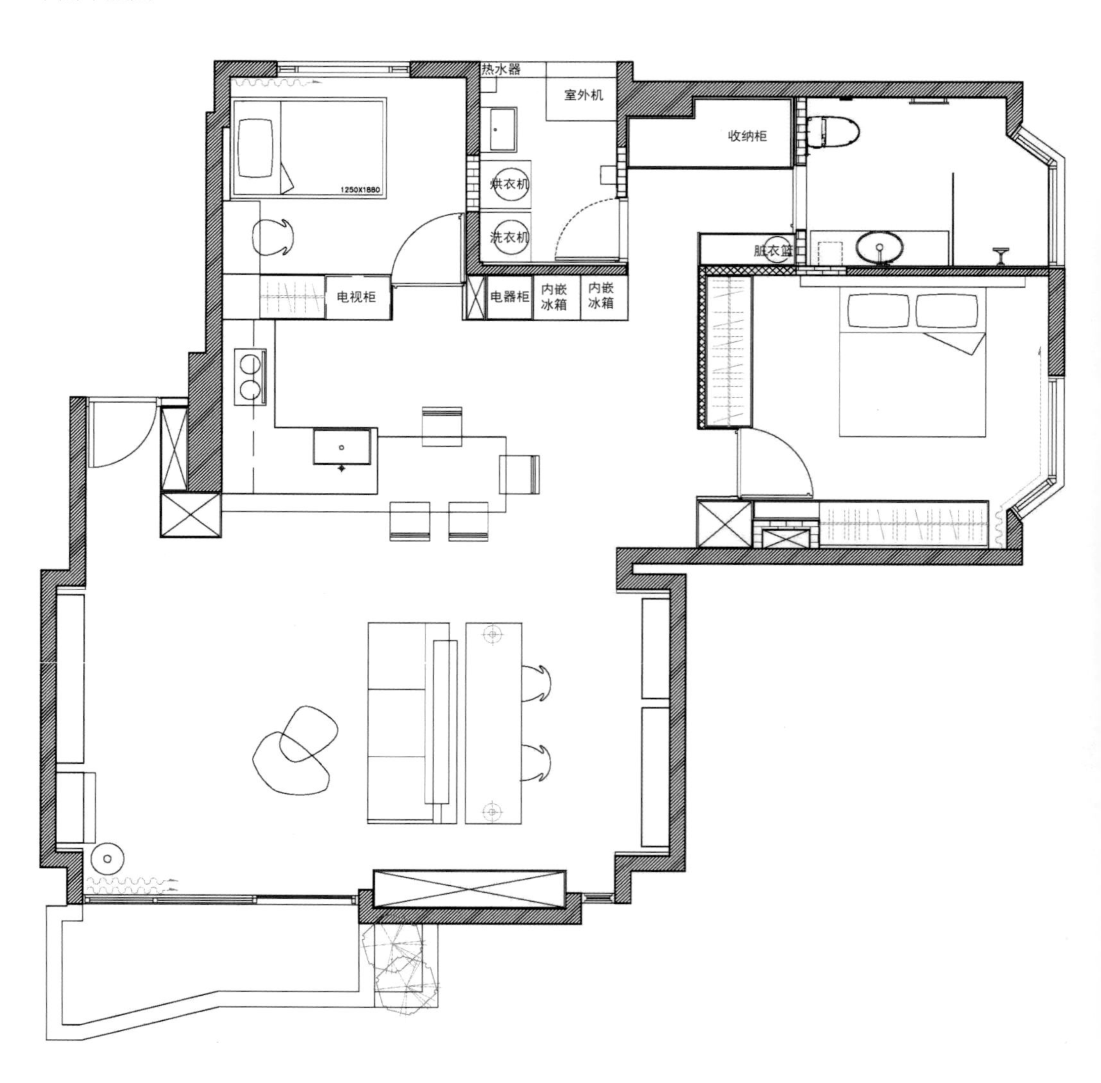

材料运用：
精炼手工材质，强调功能性和层次感

设计师精心挑选品牌工匠进行手工制作，让材料赋予居室主人以良好的触感，如手工漆、钢刷木皮等，它们柔和温润的表面质感取代了利落的机械感。客厅浅灰色电视背景墙采用黑铁层板满足收纳需求，设计师将同样的材料运用到了沙发后方的书架墙上，在冲孔板中隐藏 LED 灯带的渲染下，借由层板长短的不同尺寸与深灰、芥末黄等不同颜色的组合，制造出丰富的层次观感。厨房中岛卡拉拉白大理石与白色赛丽石台面结合的工作台，搭配一侧手工漆涂抹的木作门片，则区分出客、餐厅不同的空间区域。

创意造型：
点线面元素，上演幽默戏法

遵循 Mad et Len 罐身的洒脱洗练，设计师将原始的点、线、面幻化成室内的灯带、层板等，在空间水平和垂直方向上进行分割排列，并转化为空间的架构与区块。隐藏凝练在细节处的黑、黄色调，让空间留下实体线性的厚度与层次，跳色和夹层的布局则上演了一段空间错置的幽默戏法。

SPECIALIZED
SPECIALIZED

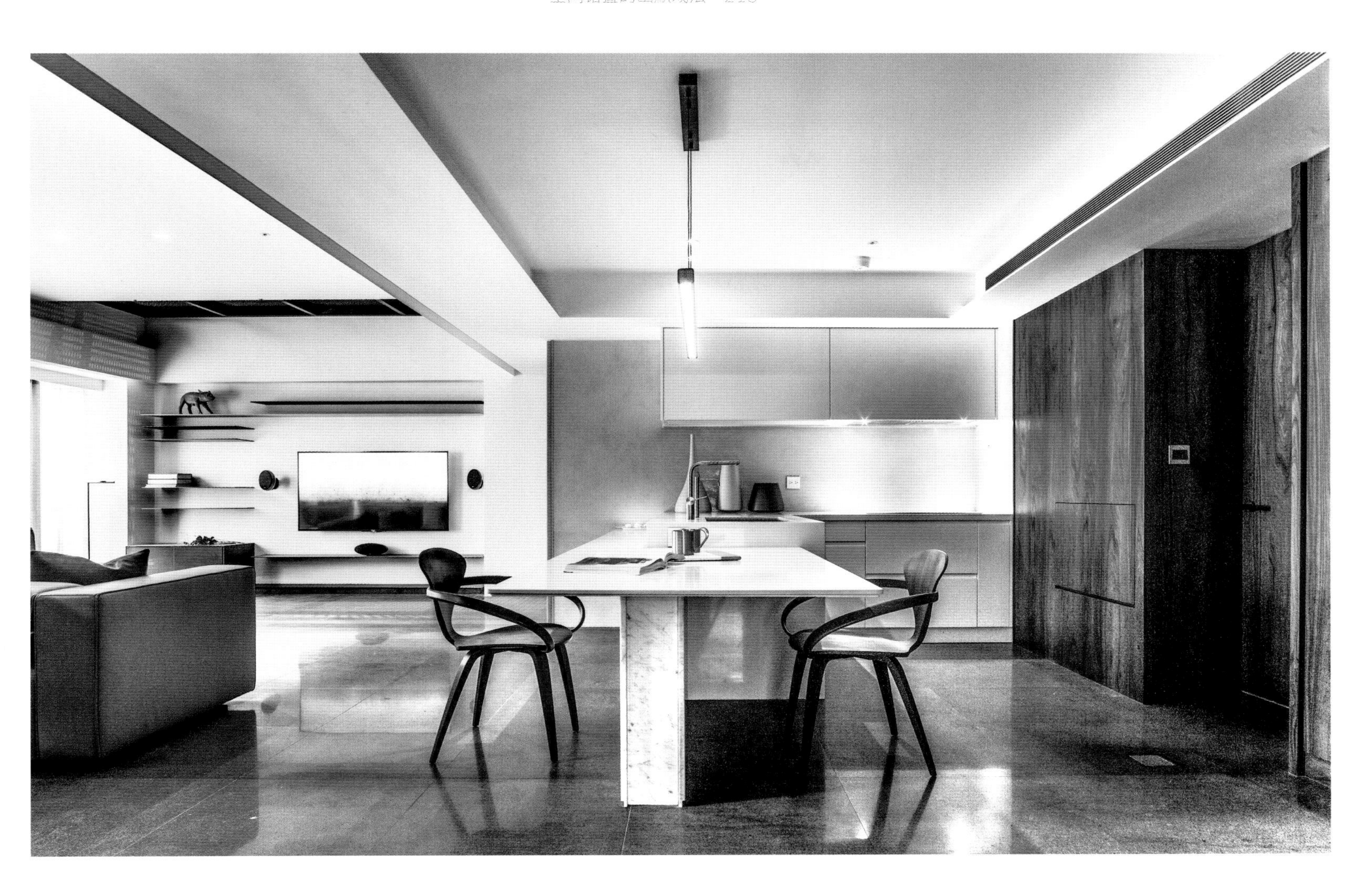

采光照明：
组合照明，塑造丰富空间层次

客厅大面积的落地窗与一侧书房墙面开设的长窗，让自然光线得以充分进入室内。客厅、书房顶棚上方的两侧夹层冲孔网格更是将太阳光点幻化成一幕幕流淌的时光盛宴。在墙面柔和的黄色光带与书架冲孔板中隐藏 LED 灯带的集体交织之下，顶棚、大理石地面、墙面共同营造出公共区域不同角度的视觉美感。

从容流畅，居易行简

且共从容

设计公司：北岩设计
主设计师：于园
项目位置：江苏南京
项目面积：200 ㎡
摄影：金啸文摄影工作室

主要材料

KD 木饰面、大理石、鹰牌陶瓷、壁纸。

创意说明

本案一直追求的是“准确和感性”，空间本身具有一定的收纳功能，针对现实存在的问题，即业主在一开始提到的优化空间、提升室内艺术性，在设计上整体都调整了用材，提倡材料的自然性，主张使用木材及大理石等自然材质，同时又达到了装饰效果，满足了收纳的需求，营造出空间的自然美与实用美。

一层原始平面图

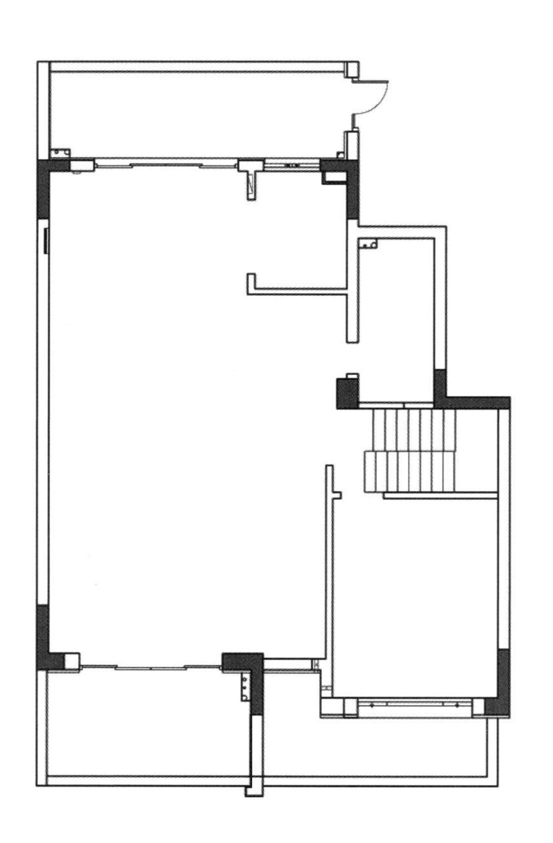

一层平面布置图

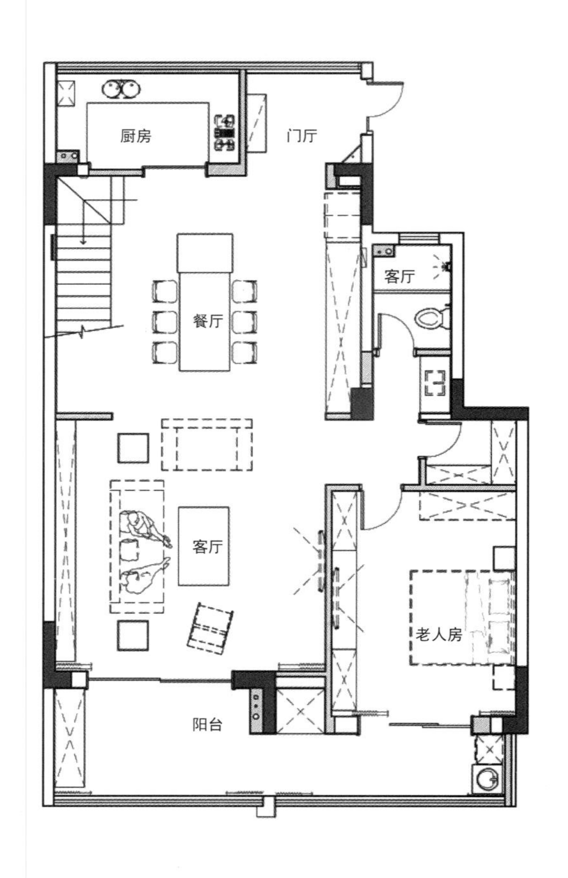

设计说明

曾听说，好的人生是这样的：既有敏感的灵魂，又有粗糙的神经；既有滚烫的血液，又有澄澈的眼神；既有深沉的想法，又有世俗的趣味；既有仰望星空的诗意，又有脚踏实地的坚定。经历长夜，守到黎明，把酒祝东风，且共从容。这是一种态度，也是一种境界。

本案是一套面积较大的房子，内部可改造的空间有很多，原建筑结构并没有得到有效的利用。男主人对于施工方面很在行，曾独立建造过房屋，所以相对于一般客户而言，他在装修设计上更加富有经验和耐心，欠缺的则是对空间调性和艺术性的把握。最终，他把这套房子交给了北岩，希望能拥有一个实用性与审美性兼具的家居空间。

认真说来，这个案子的客户，无论是在生活阅历还是年龄层次方面，都比我们丰富太多，不能说是长辈也可说是前辈了。针对这个情况，我们并不打算改变他们多年既定的生活方式和习惯，因为他们原本就已经生活得很好了。我们要做的是用心去倾听他们想要改变什么，以及想要得到什么。

很多东西看似简单，实则背后经历了许多不为人知的艰辛。比如咨询率很高的楼梯，实际施工中交接的问题很多，前后一共接触了三次施工人员才得以呈现出眼前这样的面貌，从容流畅、居易行简。亲情永远是一个家中最温馨的所在，客户家中姐妹之间关系很好，逢年过节都会去各家串门、小住，所以特别在书房准备了一个沙发床，以满足不同情况下的灵活需要。

见过很多豪华的别墅，也看过不少漂亮的大宅，可最引发思考的，还是日日烟火、柴米油盐的寻常性。一个拥有很多套房子的业主，自然可以随意打造个性化家居，这样的案子设计师也很喜欢。但不是每个人都能如此“任性”，更多的是一个家，承载着全家人的日常，兼顾美观和实用才是最好的。如同这家，是真正的根植于生活，不管何时去拜访，满眼皆整洁和有序，而不只是拍照的那一天而已。

收纳设计：
块面与材质双重结合，兼具收纳等多样功能

为了迎合业主在收纳方面的需求，设计上将空间、家具等材质与块面进行结合，兼具多元化功能。客厅沙发背景墙后面设置了书柜，设计师调整了展示的方式，在保持收纳整洁的同时用原木色的拼接木板做推拉门，这样既成为了背景又完成了书柜的造型。楼梯下方木柜门结合楼梯的墙面，整体表现块面与材质的双重对比，使得整个空间呈现纵向趋势。书房黑色铁框玻璃的运用制造了通透的视野，内部书柜墙面本身有柱子，设计师便索性用原木色的木板包柱，再通过控制门的宽度和比例，让柱子和门互为彼此，两相融合。

Arletta

材料运用：甄选品质建材，简化线条和装饰

为了遵循简洁、舒适的设计原则，在设计上挑选了高品质的材质，同时删繁就简，材料种类并不繁杂，没有过多的线条及装饰。客厅电视背景墙下口用黑白根大理石做挑空处理，并分成黑、白两色横向处理，延续了空间的线性关系。两个卧室纹理细腻、色泽温和的木质地板营造温馨氛围；业主比较喜欢皮料质感，因此床头背景墙的硬包特别挑选单独定制的进口皮料。儿童房延续了空间的饰面板，现场制作的床头板和床头柜没有夹杂过多复杂的装饰，一切恰到好处，一切也适可而止。

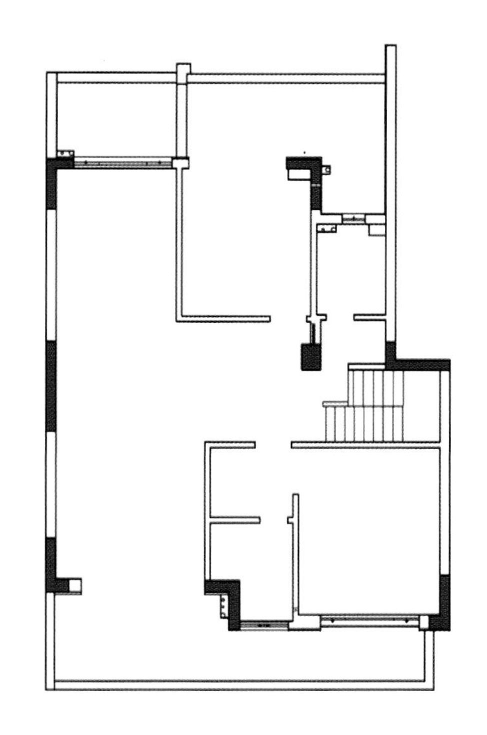

二层原始平面图

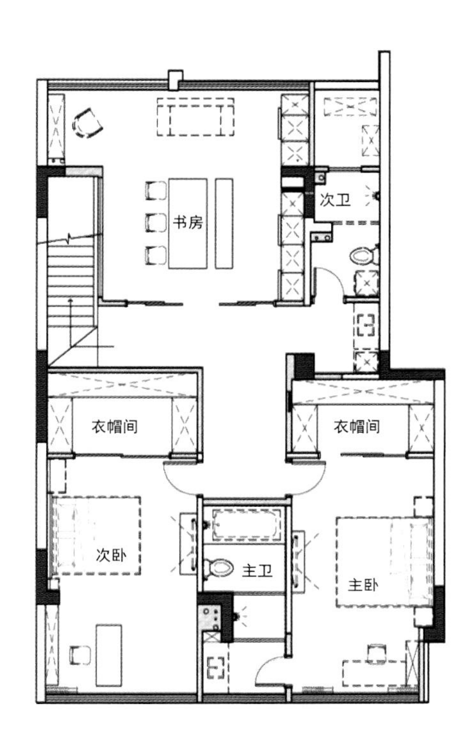

二层平面布置图

面朝大海，春暖花开

三亚晋园海棠湾 A1 别墅样板间

设计公司：Studio STAY/ 永续设计
主设计师：Eric Tsay / 蔡文卿
项目位置：海南三亚
项目面积：800 ㎡
摄影师：燕飞（PIXNUT STUDIO）

主要材料

橡木皮、意大利进口大理石、THK/9mm 钢板、德国特殊水泥涂料、石皮、毛丝面不锈钢、比利时黑板漆、德国盘多魔、橡木海岛型木地板、法国太萨曼丝壁布。

创意说明

一方面，在设计初期，为了帮业主在预期的购买族群上做市场风格的分析引导，让指标性的高端住宅产品满足购买族其心理期待；同时，也为了保留使用者在未来环境氛围创造的自主性，于是本案便以“海边生活”为灵感，打造白净而雅致、怡然而恬淡的生活空间。整体设计表达出一种宁静生活情境，形塑度假生活的氛围，释放怡然、恬淡的心态。

平面布置图

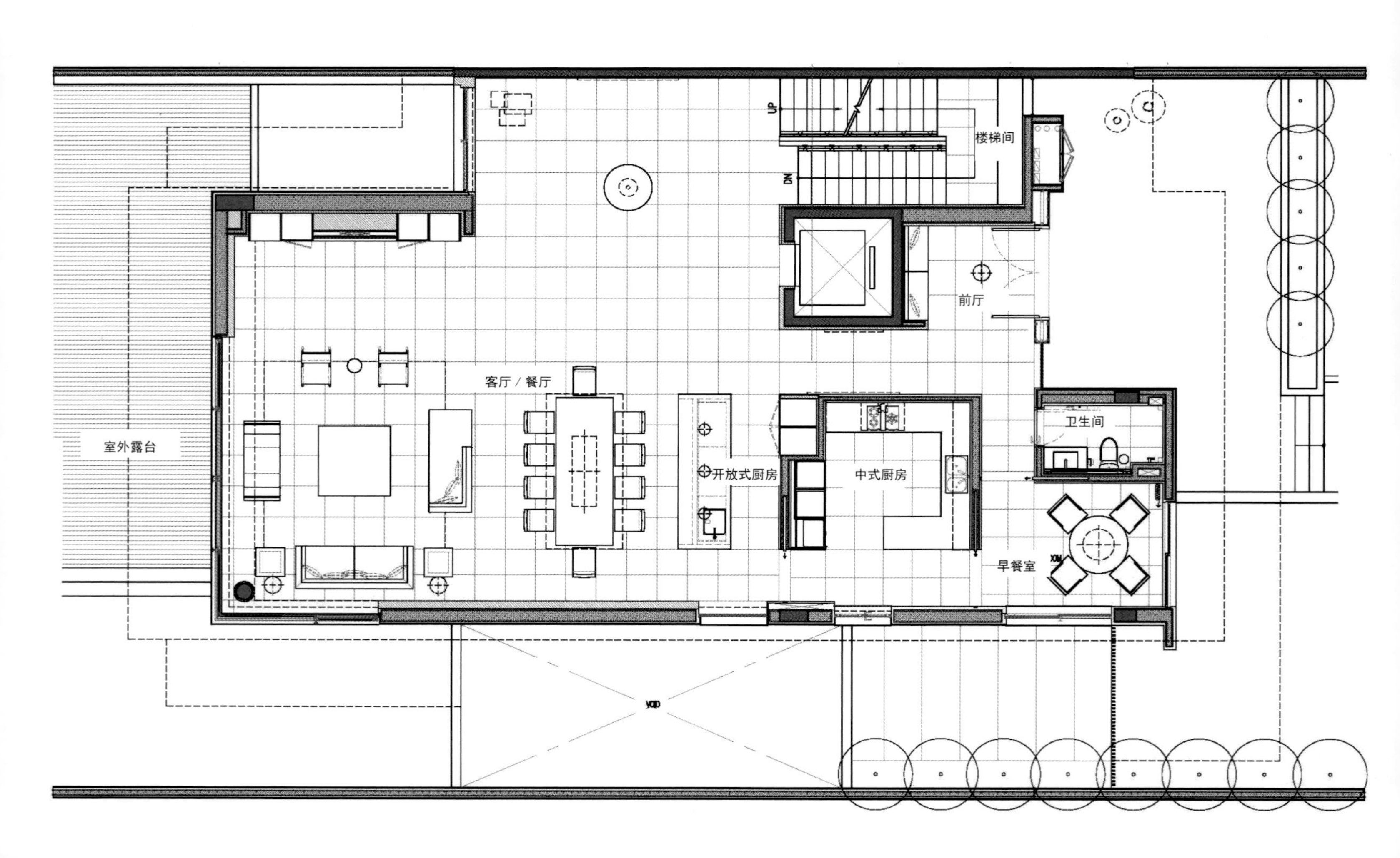

材料运用：融入自然灵感，呈现空间多样性

针对空间的多样性与多变性，本案契合设计师 Eric 提出的超模骨架穿衣效应，石材、木饰面与白墙这些单一的材料，几乎组成了所有的空间构成，这也成为设计师的设计原则。一层采用开放式设计，让客厅、餐厅、厨房、早餐室与玄关一气呵成地连通于一体，但也可以经由厨房木盒子的关闭，营造出私密空间。在 A1 与 B 别墅的一层里，整个空间是由一个可以开启的木盒子与一道石材墙面来定调，但是两个空间的呈现却又是不同的风格，这是设计师创造超模骨架的最得意之处，将大自然的灵感运用到设计中，饱满、温润、充满诗意地诠释着三亚特有的美学精神。

平面布置图

空间布局：以最少的设计手法，强调空间的故事性

空间的构成本身就是最重要的装饰元素，设计师 Eric 说：“一个身材好的人，穿什么都好看。”为了强调空间的叙述性及故事性，设计师用最少的设计手法，将故事自然地呈现于墙面、艺术品上，以及空间布局的营造上。整个主卧室的空间架构是室内与室外的无限延伸，也是这样的空间布局，让空间叙事性非常强。开放的卫生间平面，引入充裕的自然光，浴缸与小客厅电视的关系充分流露了设计师在空间布局上的丰富经验，以及对使用者的细微关照。

设计说明

“文明改变了人类的住房，但没有同时改变住在房里的人。”这是梭罗在《瓦尔登湖》里的著名论述。据传，诗人海子颇为喜欢此著作，他最终没有实现心中的理想境界“面朝大海，春暖花开”。但梭罗在瓦尔登湖做到了，他放下种种杂念，回归田园，在感知自然的过程中，体验生命与时光之间的变奏。

立于瓦尔登湖畔的小木屋，是梭罗亲手搭建的，与一般建筑的做法别无二致，通过所有可以度量的手段进行设计，比如定量的木头、施工方法，但因为有情感的注入，到最后，建筑及空间都成了生活的一部分，发出不可度量的气质焕发勃勃生机。

晋园海棠湾别墅也是这样的存在，项目位于晋合三亚艾迪逊酒店基地，为新加坡晋合集团耗时 6 年，在三亚精心打造的顶级别墅新标杆。Studio STAY 永续设计受邀为其样板间进行室内设计，他们将“海边生活，Living By the Sea”作为主调引入空间，并针对可能购买晋园海棠湾别墅的族群提出了两个不同的设计方向（A1 和 B 别墅），但反映的都是对度假海边生活调性的掌握。

色彩搭配：
丰富跳色，呼应主题

因为恰到好处地把握颜色、纹理及材料的运用，整个空间的色彩极为跳跃，丰富的跳色结合材料、纹理及线条，为空间带来了属于海边生活的舒适氛围。在过厅、起居室简单的米白色系空间中，家具、装饰物仅用于较鲜明的绿色、黄色等跳色，来对海边生活的氛围下注脚。卧室的设计依然是白墙、木饰面与勾缝。为了带出海边生活的热带气候特性，局部点缀色彩鲜明的跳色，如蓝色、绿色，让空间呈现出来的色彩层次超乎人们的想象。

海滨 慢生活

三亚晋园海棠湾 B 别墅样板间

设计公司：Studio STAY/ 永续设计
主设计师：Eric Tsay/ 蔡文卿
项目位置：海南三亚
项目面积：520 ㎡
摄影师：燕飞（PIXNUT STUDIO）

主要材料

米黄石材、实木地板、压花玻璃、金属。

创意说明

海边的慢生活，期待得到的是心灵的放松与沉淀，不希望有过多的赘饰；除此之外，则是设计师的私心——跳脱一般样板间填满的做法，得以让使用者的个人属性可以植入到自己的家中，写下属于自己的记忆。本案的设计意图是创造出一个干净且局部反差较大的空间效果，借由空间构成的量体，加上局部的高反差效果，营造个性鲜明而又无比深邃的现代空间。

平面布置图

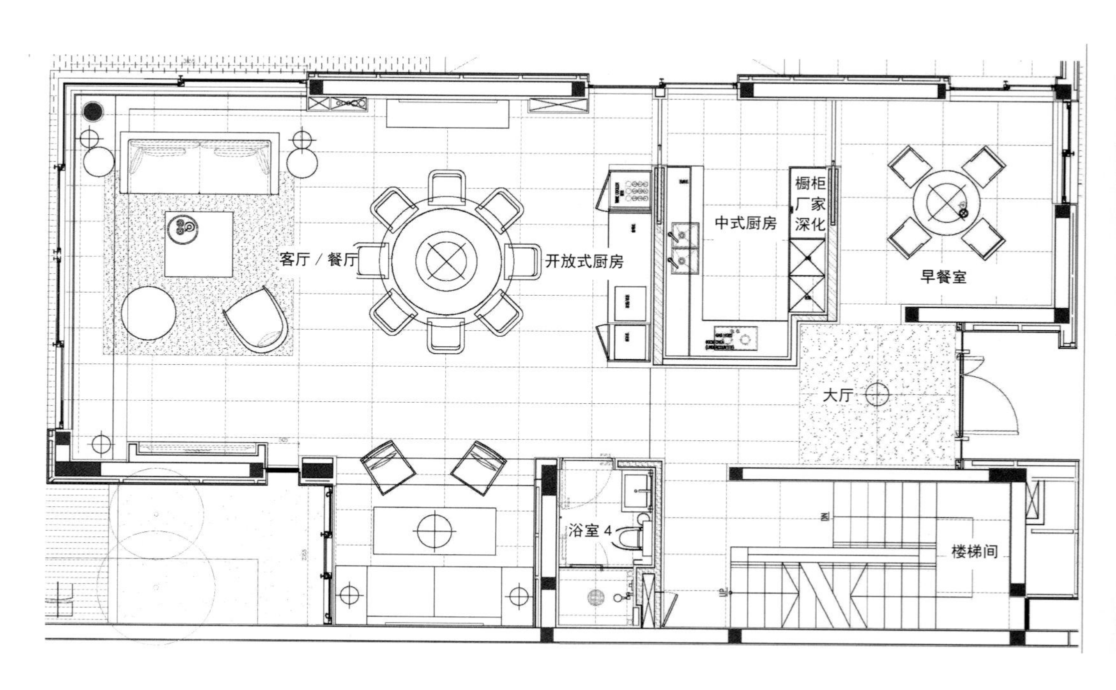

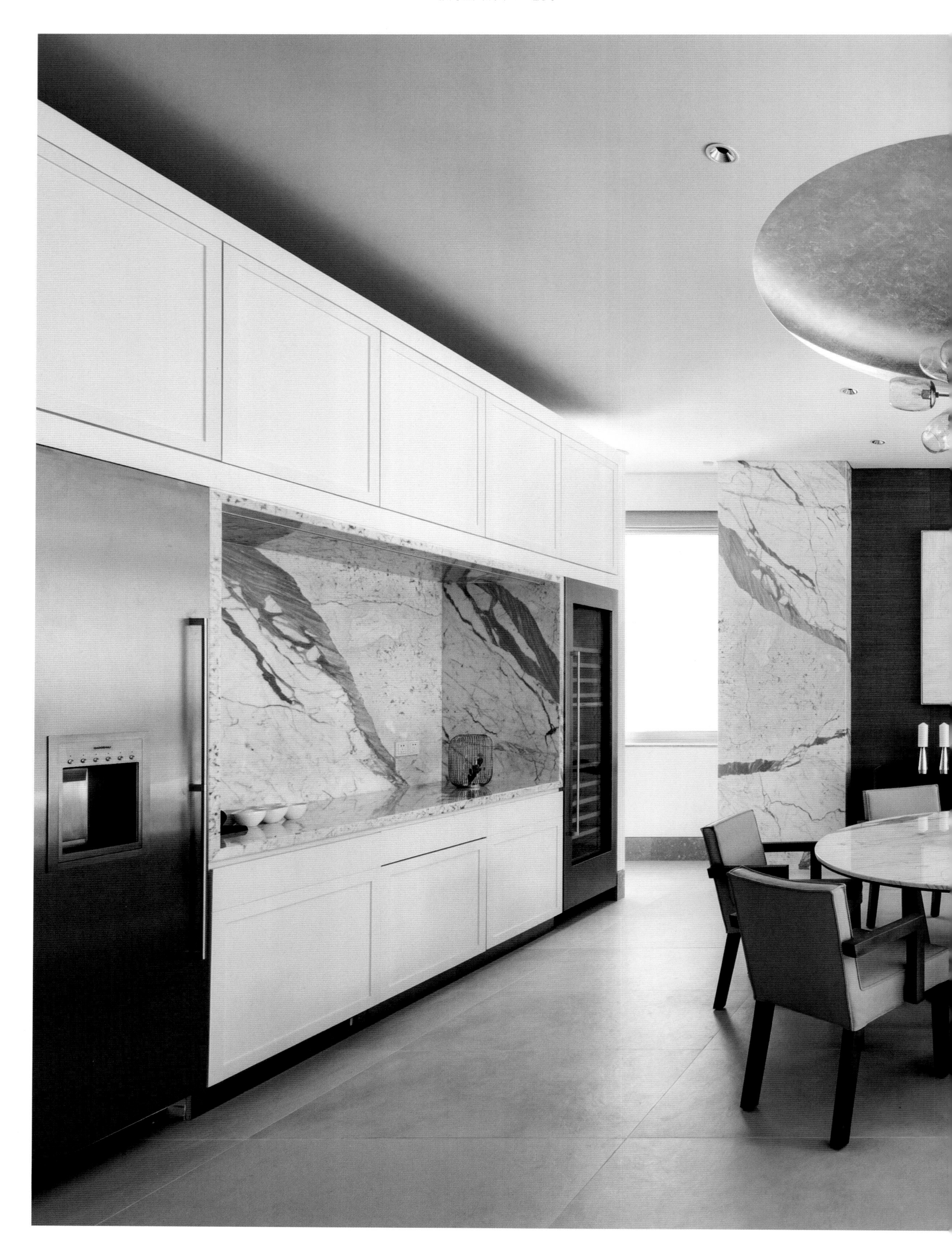

空间布局：强调平面流动性，简化空间构成

空间的简约性赋予了空间多重可能性，本案空间结合海边生活，强调平面的流动性，简化空间的构成。一层空间仅由两个盒子和两道白色大理石主墙构成——一个是厨房的白盒子，一个是卫生间的木盒子，一道餐厅的艺术墙，另一道是客厅电视背景墙。为了强调海边生活的空间特质，厨房的白盒子隐藏了空调出风口，同时也面对着餐厅的迷你吧与大储物柜。门开启时，整个一层的空间可以循环流通，也让空间更宽敞。除此之外，由于平面的流动性与空间的开放式，人站在别墅一端的早餐室便可以望到别墅庭院的尽头。

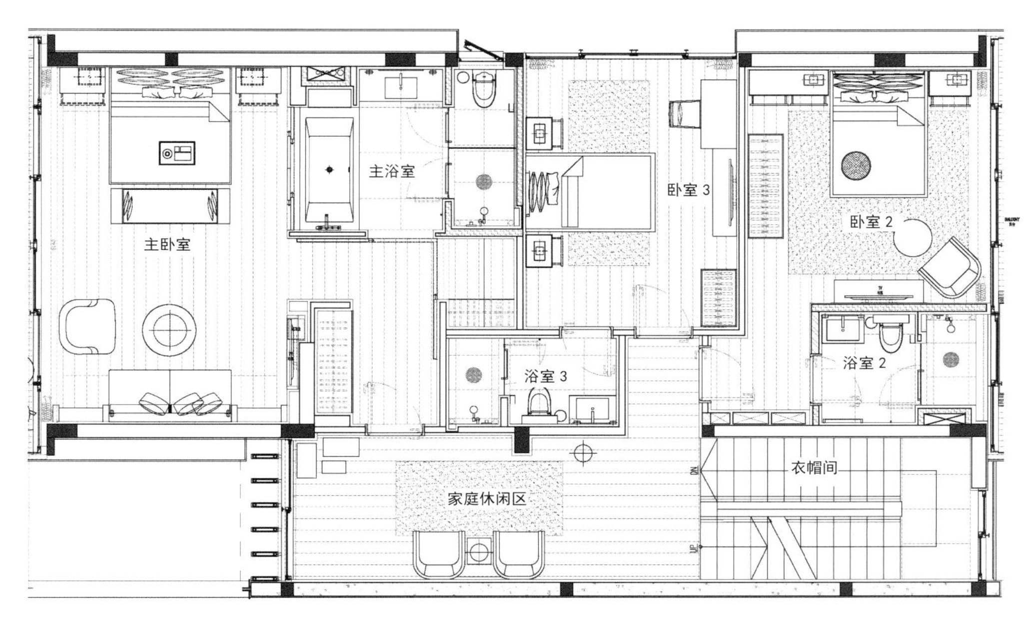

平面布置图

色彩搭配及材料运用：注重颜色与质感对比

本案的设计注重颜色与质感的对比，因此运用比较强的处理手法，呈现个性与气质。楼梯间仅有白墙、切片状扶手与米黄石材，以海南特有的三角梅为主题的定制艺术墙面，静静地让洁白空间呈现出雅致的风采。主调为白色的空间，为了赋予空间以温度，特意铺陈温润的实木地板，而墙面的定制艺术品与家具、灯具的搭配，又于无形中演绎出一种纯净。同样的白色系与局部黑色的金属还延伸到了卧室，主卧室的卫生间与衣帽间以金属框压花玻璃作为区隔，经由玻璃推拉门的开启，达到完全流通的状态。

设计说明

许多人说，空间形式不重要，境由心造，一念之间，一花一世界，一沙一天堂。但对于设计师来讲，最重要的事情或许不是表达，而是找出事物的本质。

“晋园是别墅界的超模骨架，有了这个超模骨架后，只要适当地搭配一些适合其气质的衣裳与装饰，就会呈现出各种不同的气质与风采。”永续设计的创始人 Eric Tsay 说，设计师要营造的是一种空间能力，让居住其中的人有机会发展属于自己的气质。

墙面的白色木雕艺术品，是项目里一系列对海南植物生态的诠释。开放式厨房的透光树脂板也是以海南植物的意象为图案构成。反差与调色让白的看起来更白，亮的看起来更亮。

简单调性的早餐室，除了丹麦原厂的纱帘与美国空运来的灯具，其他是由设计师高级定制的。就像 Eric 说的，只要骨架好，随意适当地重点搭配一些装饰，就会有格调，很出彩。

地下一层为多功能家庭休闲区，白色的马来漆墙面，加上局部家具跳色，并点缀富有质感的艺术品，营造独属于海边的休闲、清爽氛围。这也折射了设计师对于高端属性的理解，不是只有反映在表面装饰上，同时需要反映在实用功能上，当两者具备时，才是成熟的高端产品。Eric 说：“不同于以往的样板间设计，我们提供的是一个设定标杆的开放式的脚本。”

剧本的骨架是在使用者得以在自己的空间中做自己剧本场景的主角，而不像以往常见的填满式精装修，使用者往往成为配合填满场景的配角，无法彰显自我的个性。

设计也是艺术，并非一定要有一条清晰的界线，就像不要区分什么是绘画、什么是插画一样，很多东西都是在两者模糊的界线中存在的。

斜向框景

C.L 住宅

设计公司：W&Li Design 十颖设计
主设计师：王维纶、李佳颖
项目位置：台湾台北
项目面积：100 ㎡
摄影师：小雄梁彦影像

主要材料

石材、几何砖、黑铁、黄铜、烤漆玻璃。

创意说明

本案拥有独特的平面户型，针对老屋通风、采光不足的难题，设计上分隔出缓冲区域，消除公私领域之间的干扰；同时，结合斜向的空间线条、简洁的色彩，形成独特的空间框景，摒弃多余的封闭隔间，让不同属性的空间能自然界定，并能轻易产生互动，打造出一个极简主义的生活之家。

原始平面图

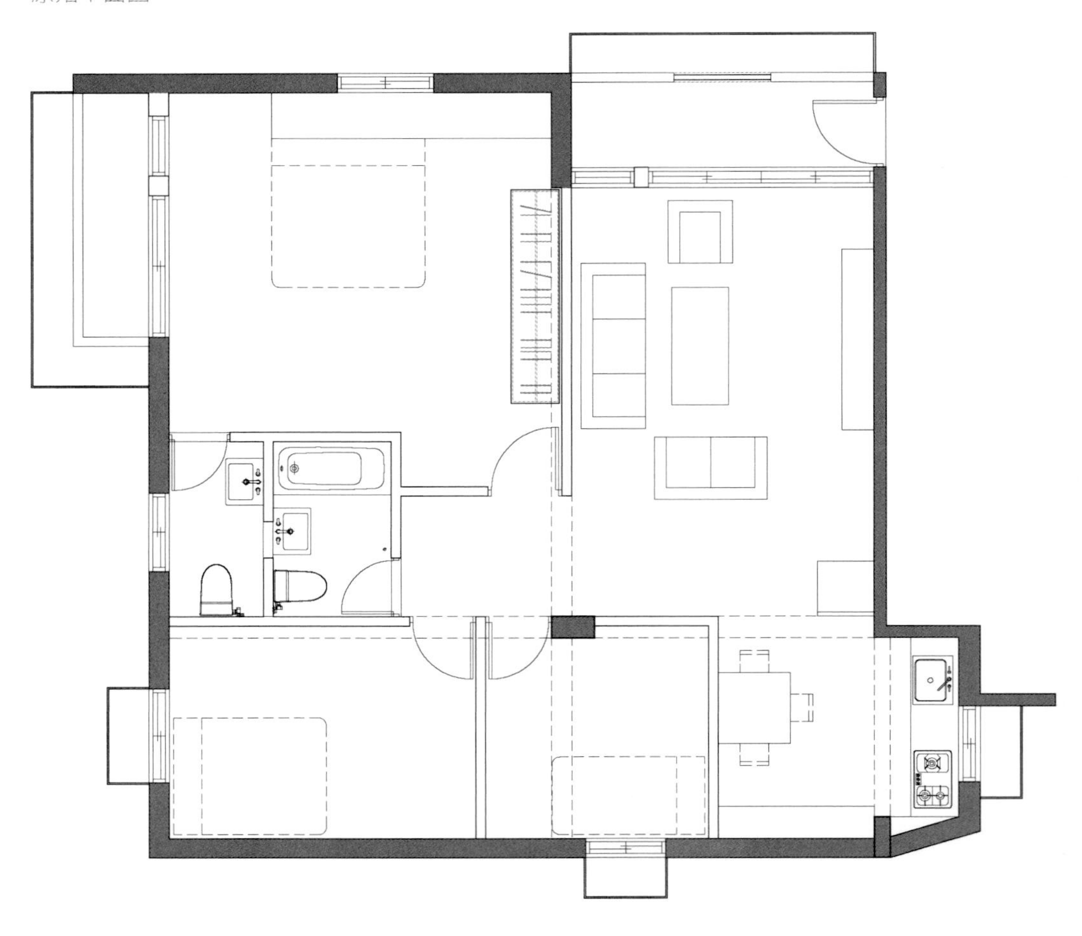

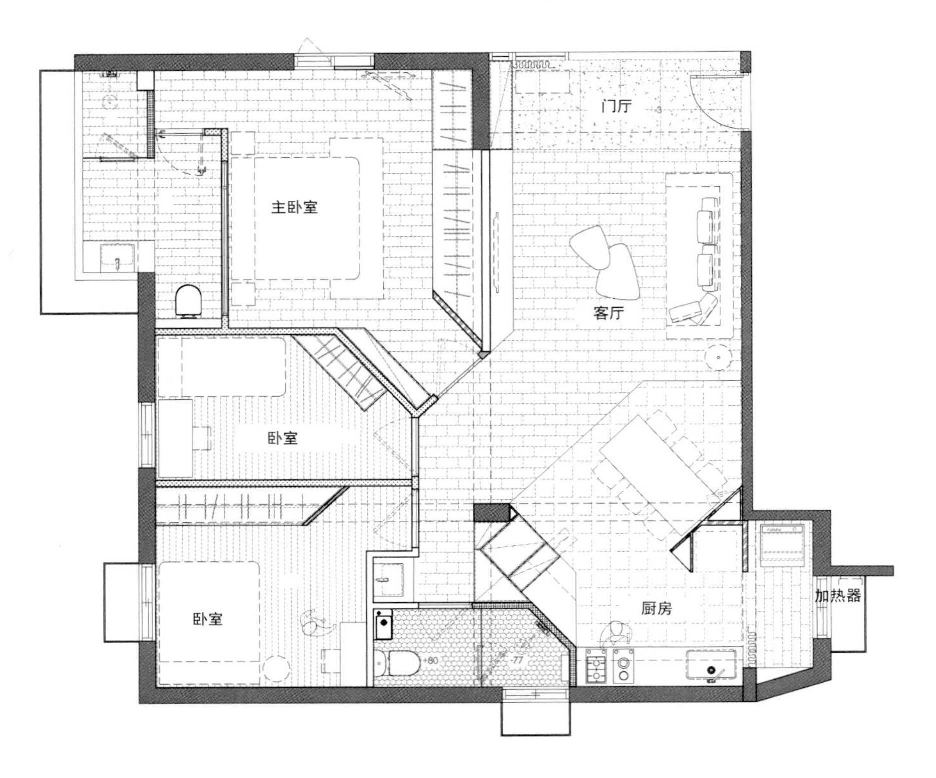

平面布置图

设计说明

本案的平面配置以 45°十字扭转规划，就住宅来说是非常独特的形式，每个房间皆保有各自的独立性，并回应老屋易产生通风、采光不足的问题，更留下台湾 20 世纪 70 年代使用的地面材料；在相连的空间中央分隔出的中性区域，不赋予其特定功能，如同缓冲地带，也因为这个空间，可以消除公、私领域之间的直接干扰，而核心的中心区域扮演串联其他空间的桥梁，让不同空间产生联系、形成互动。

配置中的斜向度线条划分了空间比例，形塑出三室两厅两卫的格局，确保所有空间都能有独立的通风采光，立面设计延续平面斜向的基础建构出空间的框景，舍去封闭的隔间，新旧地界也暗示着虚体区域。同时，整合平立面的架构，几何的元素穿插在空间细节中，建材挑选便以此设计脉络，在纯白色调的敞亮空间中营造出视觉焦点，富有趣味性的几何砖，可透过随机的排列组合混搭出各种变化，并连接使用了 40 年的台湾白石材地砖，让每个角落都有熟悉的场景存在，新旧的安排新颖却不冲突，承载和延续了三代人的记忆，让空间与时间共存。

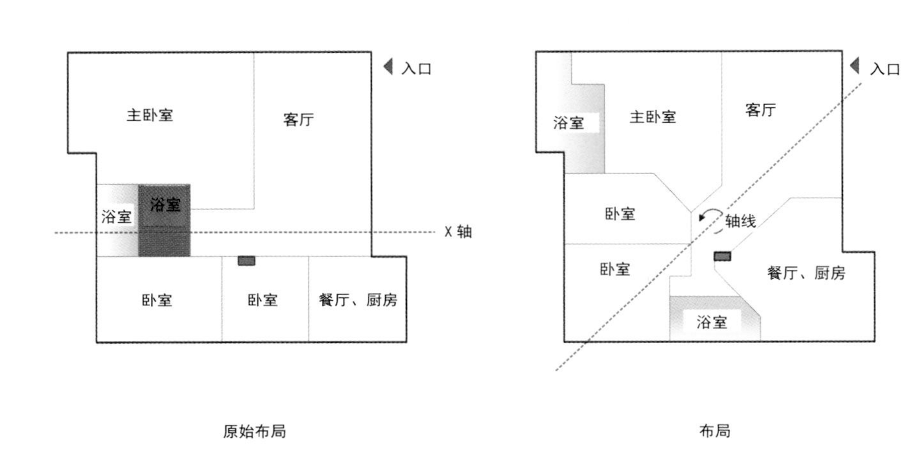

原始布局

布局

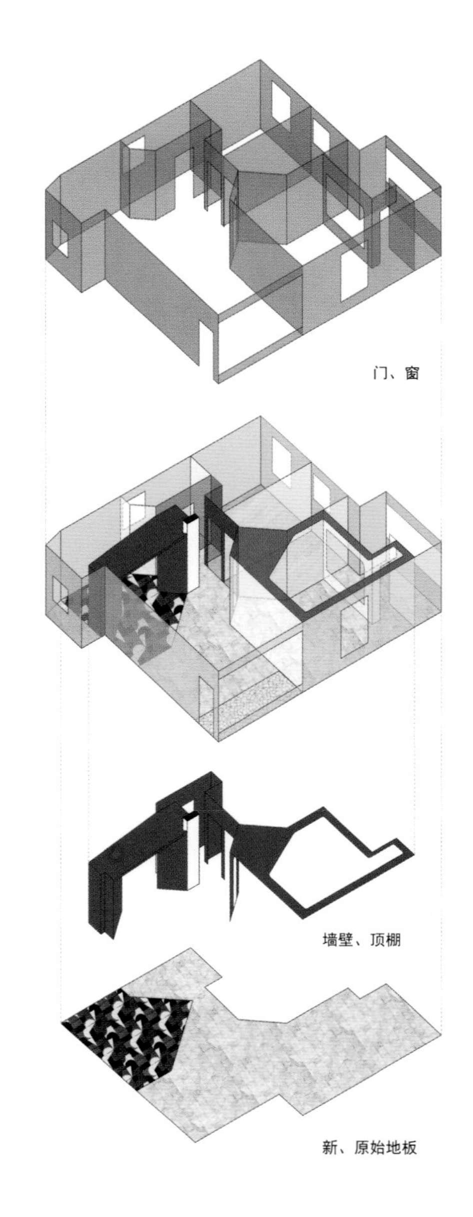

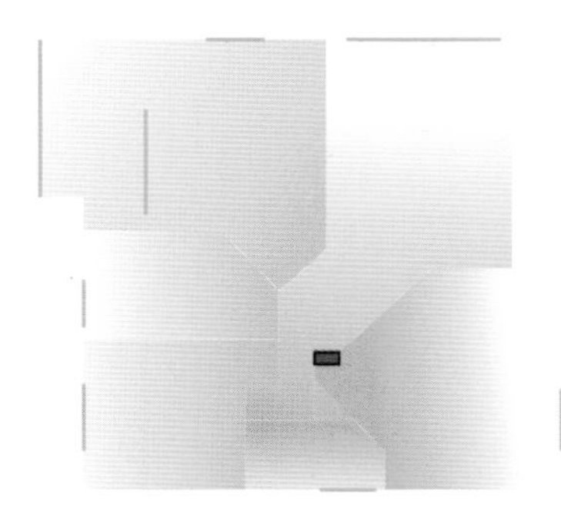

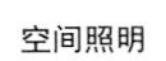

空间照明

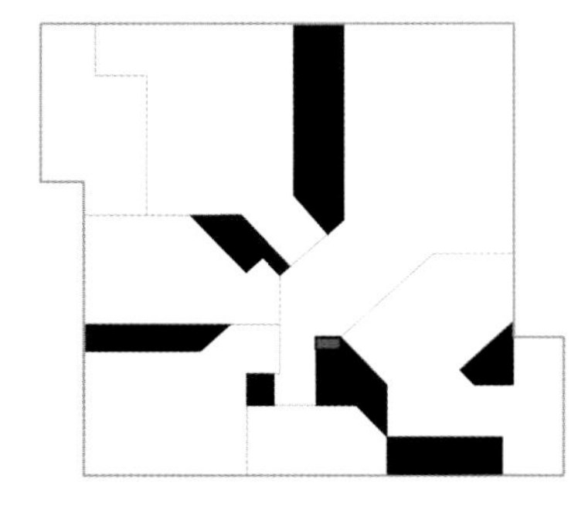

功能布局

设计说明

本案自预售屋阶段，即进行设计变更，实行两户合并。业主为三代同堂的 6 人，男主人是一位医师，家里有两个小孩。空间以公共空间为中心，左右区分，设计重点则放在了休憩空间及台球桌，为子孙三代打造一个完美的家。

CENTURY
DESTINY

圆与方，柔与刚

滨江首府

设计公司：温州大墨空间设计有限公司
主设计师：宋毅
项目位址：浙江温州
项目面积：350 ㎡
摄影师：也行摄影

主要材料

木地板、大理石、黑色饰面板。

创意说明

在极简的形式表达上除了纯白，很多时候都会面临来自技术、材料及成本的多重挑战和思考。本案为了解决户型缺陷，在设计上秉承一贯的设计思路，先理顺空间动线，再定位调性，使用最少量的色彩、线条等元素，同时归置与简化材质，简化空间观感，最终完美呈现一个完整的生活空间。

平面布置图

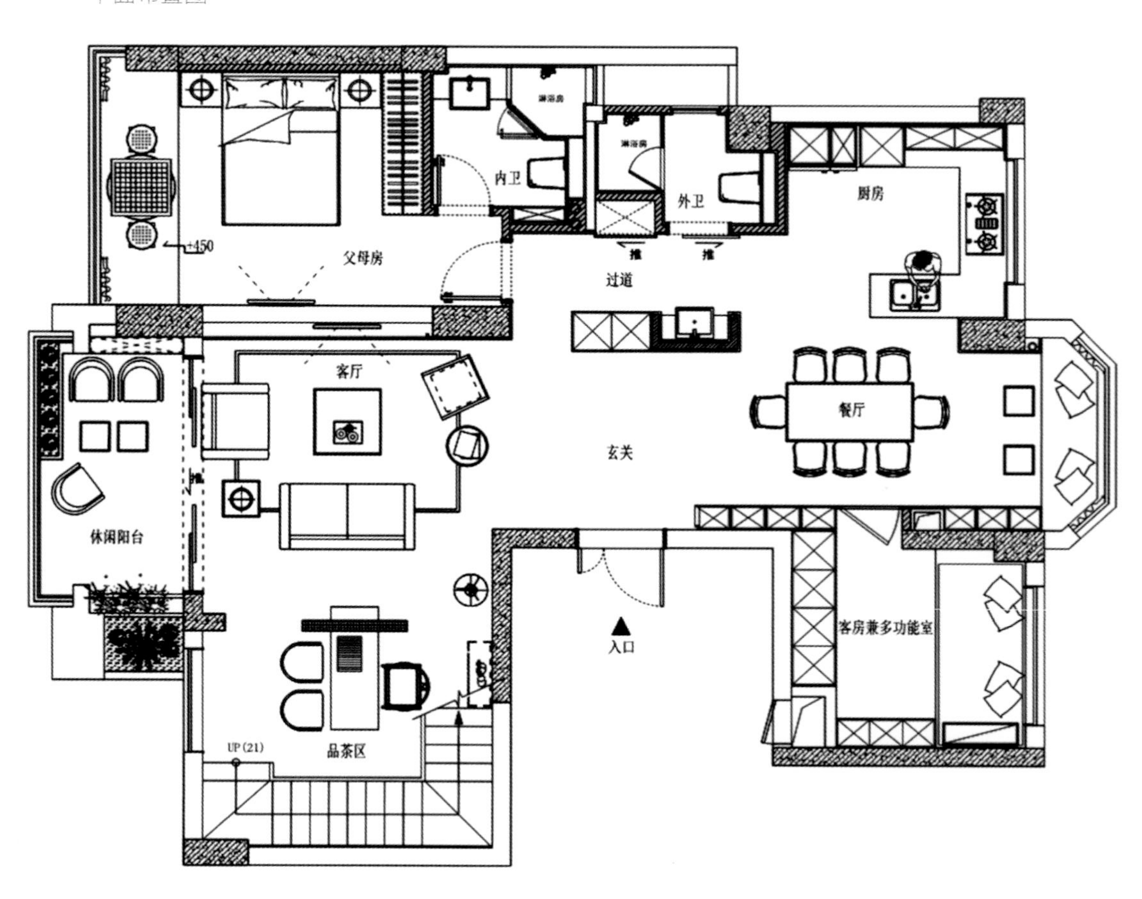

材料运用：结合几何线条，精简材质、简化观感

在清一色的白色空间里，可以塑造更大的包容性。为了确保整体化的视觉感受，空间界面主要材料被削减为木地板、大理石、黑色饰面板，同时结合几何线条，对材质进行归置与简化。客厅空间开敞而灵动，纯白色的墙面留白，干净而利落，直抵人心。黑色饰面板从水平直角折上，一笔带过，成为挑高客厅唯一出挑的装饰材质。楼梯间与客厅隔断墙开槽做成圆形，成为最别具一格的背景墙。视野之内，目所能及之处，所有的大理石、木饰面线条皆尽力做成规整的几何形体，圆形饱满、直线刚毅，通透感跃然纸上。

平面布置图

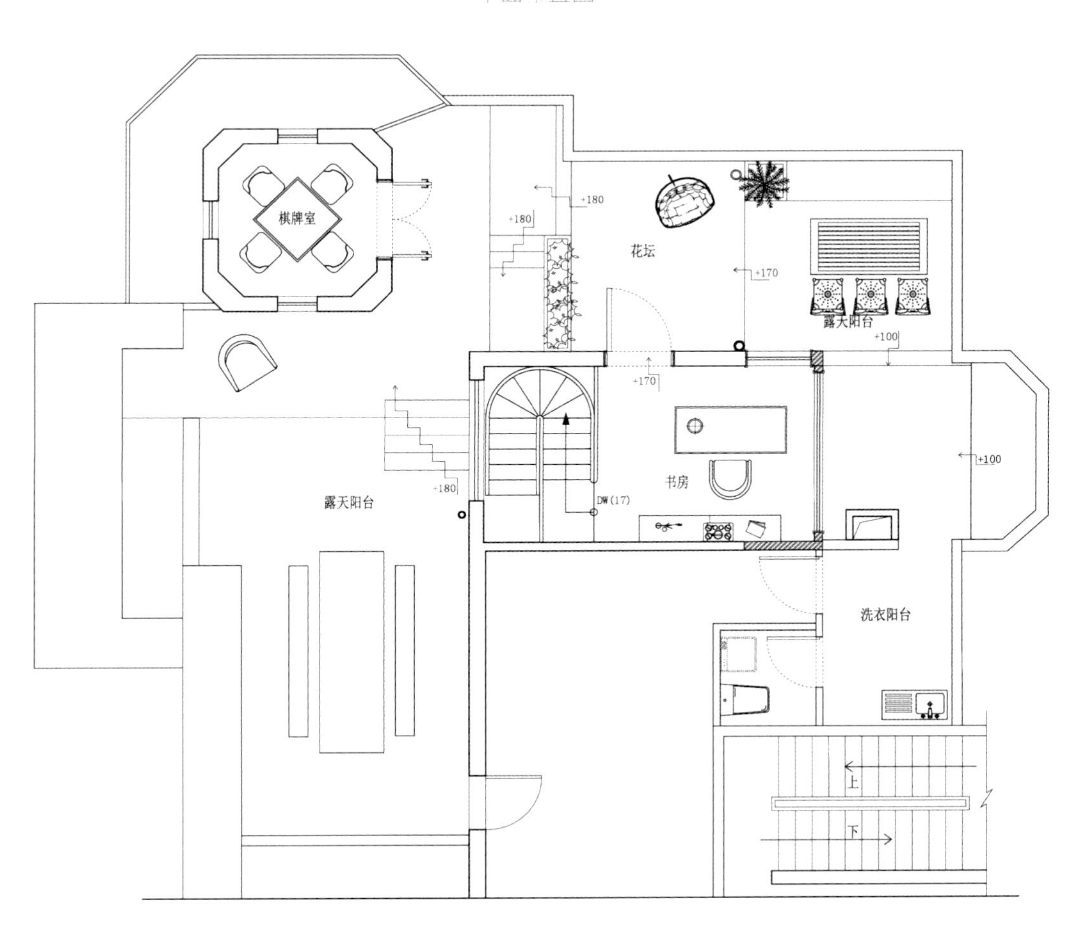
棋牌室
+180
+180
花坛
+170
露天阳台
+100
+170
书房
+100
+180
露天阳台
DW(17)
洗衣阳台
上
下

平面布置图

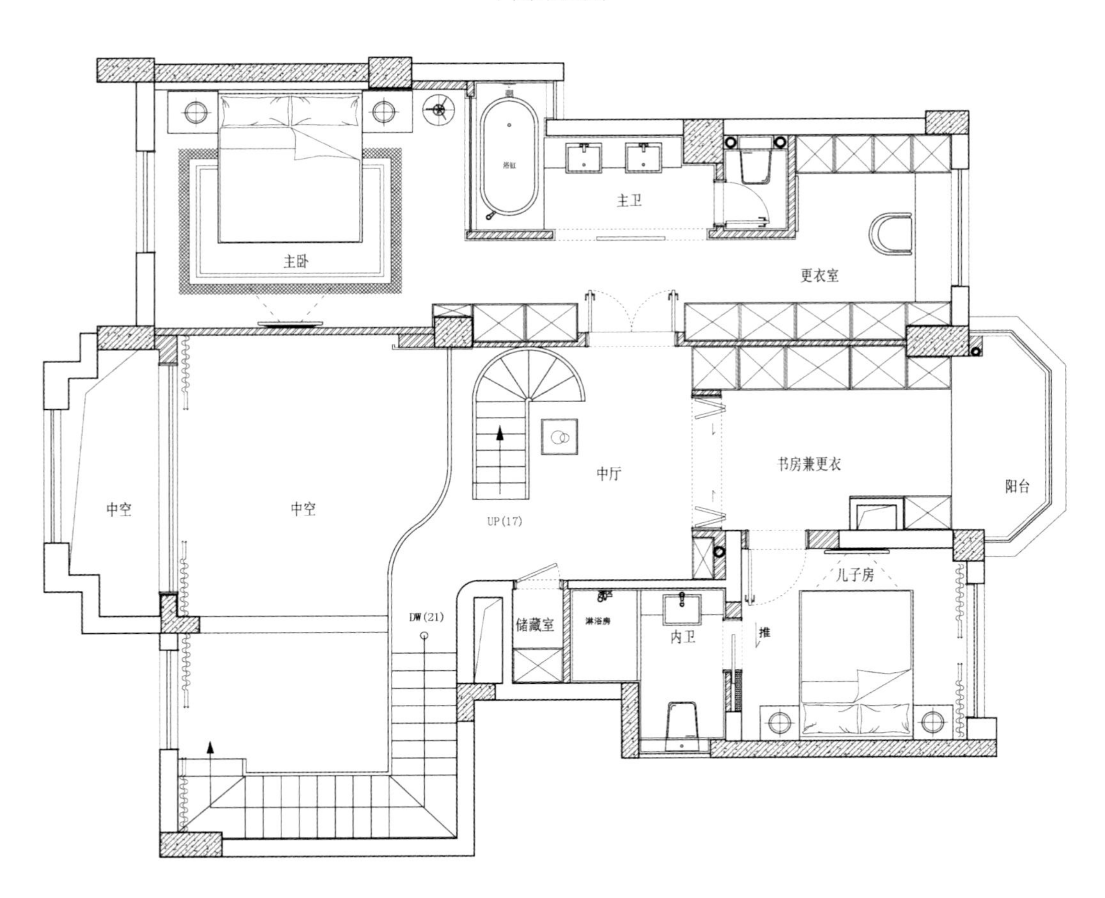
主卧
主卫
更衣室
中空
中空
中厅
UP(17)
书房兼更衣
阳台
儿子房
DW(21)
储藏室
淋浴房
内卫
推

采光照明：
光影配合界面体块及纯粹材质，
丰富空间层次

为了更好地传达出极简的态度，同时也丰富空间的视觉效果，室内光影配合界面体块及纯粹材质，成为塑造空间的主要力量。因要在丰富空间造型的同时进行采光，楼梯间灰色石材墙面设置等间距的射灯，柔和曲线光影宛若波澜，结合透明的玻璃栏板、壁灯及窗户隐隐漏入的自然光，兼具功能性的同时，与蜿蜒曲折的造型楼梯相呼应，指引着空间的动向。餐厅自然光线透过格栅窗直抵大理石桌面，反射光、户外光衬着圆弧状的餐吊灯灯光，丰富了空间效果与层次。

折叠空间

鹭洲国际

设计公司：以勒设计
主设计师：陈忠
项目位置：四川成都
项目面积：110 ㎡
摄影师：季光

主要材料

深色饰面板、白色石材、木色拼接地板、灰色木材。

创意说明

为了让本案的空间属性和业主的思想情感更为契合，我们在设计上尝试将空间的概念进行压缩处理，通过对内在空间的再造，希望突破空间的单向限定。让人在此空间生活时，享受美妙的穿越之感，也能与空间产生对话，体验更自由、更自我的生活空间。整体设计硬朗而简洁，非常适合独立、干练和有想法的业主。

平面布置图

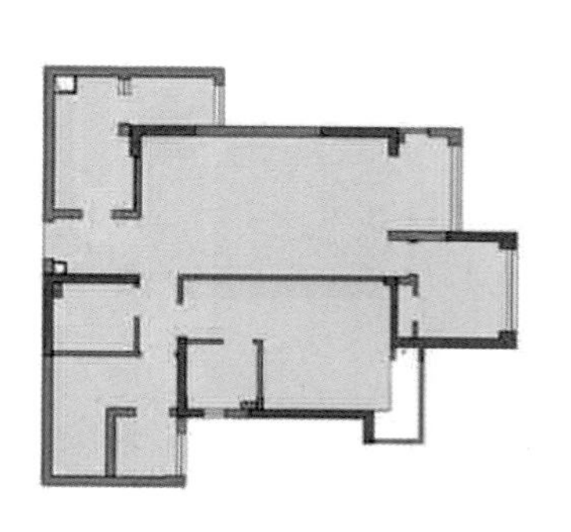

设计说明

家不仅是居住的地方，更是独处的最佳静谧之地。独处时最多的便是休息、放松，学习、思考。脑洞究竟会存在几个时空？一天 24 小时，1440 分钟，86400 秒，预留下来给自己放空、让身体和思绪飘逸的时间还剩多少？在自己的空间好好珍藏，让时空给业主留下的印记存在此时此刻、此地此景。

业主是一位干练、独立的现代女性。喜欢自由、旅行、音乐、猫。我们大刀阔斧地把套三改成套一，做一个真正属于业主的自由空间。这不是传统的、一板一眼的卧室、客厅、餐厅、厨房、卫生间、书房的格局，而是把多余的墙打掉，只保留了一个卧室，这样每一个空间都不是孤立、框定的。充足的公共空间就像主人能驾驭更多的时间和空间，在同一时间下重叠地享用自由，因此取名“折叠成都”。

大多数女性还是比较喜欢清新、温暖的感觉，但是这个空间的线条和颜色都偏硬朗，和业主性格十分匹配。业主是很有想法的人，而且很明确知道自己喜欢什么、不喜欢什么，一点都不纠结。

本案采用折叠空间的设计理念，把生活展开，再折叠，置办的是自己，保留的是远方。工作、学习、娱乐。要么读书，要么旅行，身体和灵魂总有一个在路上。卧室改造而来的留白空间，采光很好，可以带着猫咪晒太阳、看书或是做运动。有时候烹饪不单单是生活，而是一种态度，对自己，也对爱的人。融合的餐厅和厨房，更多的是放大一些美好和感动，让交流多一份包容和温度。一个多功能吧台，既可以作为西厨中岛，又可以作为餐桌。卧室是节制的自我空间，可以让人体验到真实的自由和平静。

空间布局：打破空间界限，简化空间格局

为了营造开放的多功能场所，在设计上打破了空间界限，让空间、功能联系更加紧密。设计师将原来主卧、客厅的位置打通，舍弃了传统抱团式的客厅。厨房改成开放式，与一侧的餐吧联系更为紧密。主卧则与外面的动区区分开来，动静分区明显，保有私密性。多功能厅则是一个串珠式的折叠空间，更具有包容性，功能规划也不局限在特定的空间。

材料运用：交叠材料质感，留白简化处理，净化空间

迎合业主进取、自信、独立的个性，通过交叠的材料质感重塑空间的形态，留白的处理达到简化空间的效果，变化的构成带给空间律动的张力。入口处灰色木纹墙素雅而纯粹，为了便于业主收纳，特意在客厅沙发背景墙嵌入木制收纳柜。白色的石材留白给人简洁、大方的观感，而深色饰面板、木色拼接地板则给人驾驭的力量和厚重的安全感。

午后暖阳的惬意

宁静宅

设计公司：墨比空间设计
项目位置：台湾
项目面积：365 ㎡

主要材料

大理石、瓷砖、木质层板。

创意说明

本案设计以黑、白两色为空间的主色调，选用刚硬、冷峻的石材进行大面积铺设，并辅以质朴、温润的木作，从玄关至餐厅及卧室内的木质墙面配置，让空间利落而干净、温馨而朴素，不显繁复。同时，配合大面积采光，带来午后暖阳的放松且惬意，为业主打造了一个和谐且具有现代人文风格的舒适家居。

一层平面布置图

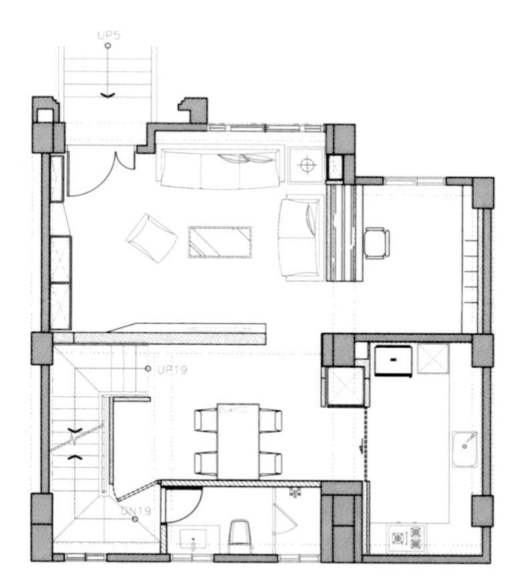

二层平面布置图

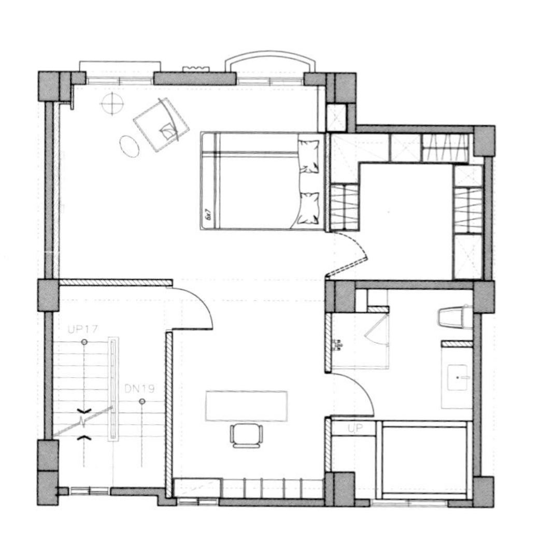

三层平面布置图

家具选择：精简家具，定义功能

在开放式的空间中，为了打造简约、实用的家居空间，在设计上精心挑选进口家具，巧妙通过家具定义功能性。客厅以灰色皮革沙发提升开放式空间中的触感温度，演绎出简约的摩登美学；书房错落式的白色墙面展示柜营造空间的活泼感，打破书房烦闷、单调的工作氛围；同时，卧室床头内嵌造型的简约收纳架可随意放置闹钟、摆饰、眼镜等生活物品，方便业主妥善利用零散空间。

功能布局：开放格局，串联空间

为了能让公共区域有更多的使用空间，在设计上贯通不同空间，并摒弃传统设计，串联不同空间。客厅贯通餐厅并额外设置办公区域，满足业主的工作需求。客厅与餐厅利用屏风墙隔开，大理石电视背景墙则跳脱以往制式的设计，采用半高墙形式进行呈现，在没有视线遮挡的空间中，让空间形成串联，活化空间形态。

设计说明

忙碌上班后的你，回到家总希望有一丝喘息的空间。如果你还向往拥有人文气息的居家，又不失时尚的现代化风格，本案便足以打动你。公共领域整面石材纹理搭配材质厚实木质层板带出自然风味，扮演空间的主要角色。另外设置的展示柜可展示业主精心收藏的宝贝与艺术品，房间内大片采光设计，带来午后放松且惬意的感受。作为私人领域的卧室沿用木纹与灰白色调，白色卧室空间诠释了优雅、细腻的住宅风格，光线柔和地洒落在家中各个角落。置顶的木质墙面表现出简约又充满暖意的惬意感受，演绎宁静、安定的休憩氛围。当现代遇上人文，就如同是在沙漠中遇见绿洲般的冲突却协调。

静谧雅调

G 住宅

设计公司：W&Li Design 十颖设计
主设计师：王维纶、李佳颖
项目位置：台湾台北
项目面积：150 ㎡
摄影师：小雄梁彦影像

主要材料

木皮、石材、钢石地板、编织地毯、实木地板、黑铁。

创意说明

为了迎合业主的使用需求，营造舒适、素净的感官体验，公共领域以灰色墙面饰板与留白调制出优雅、自然的会客氛围；私人领域则以木质地板和墙面延伸空间深度，引领纯净而素雅的舒适风格。室内功能齐全，包括盥洗、坐便、淋浴系统，彼此相互独立，打造出宽敞自如的生活空间。

平面布置图

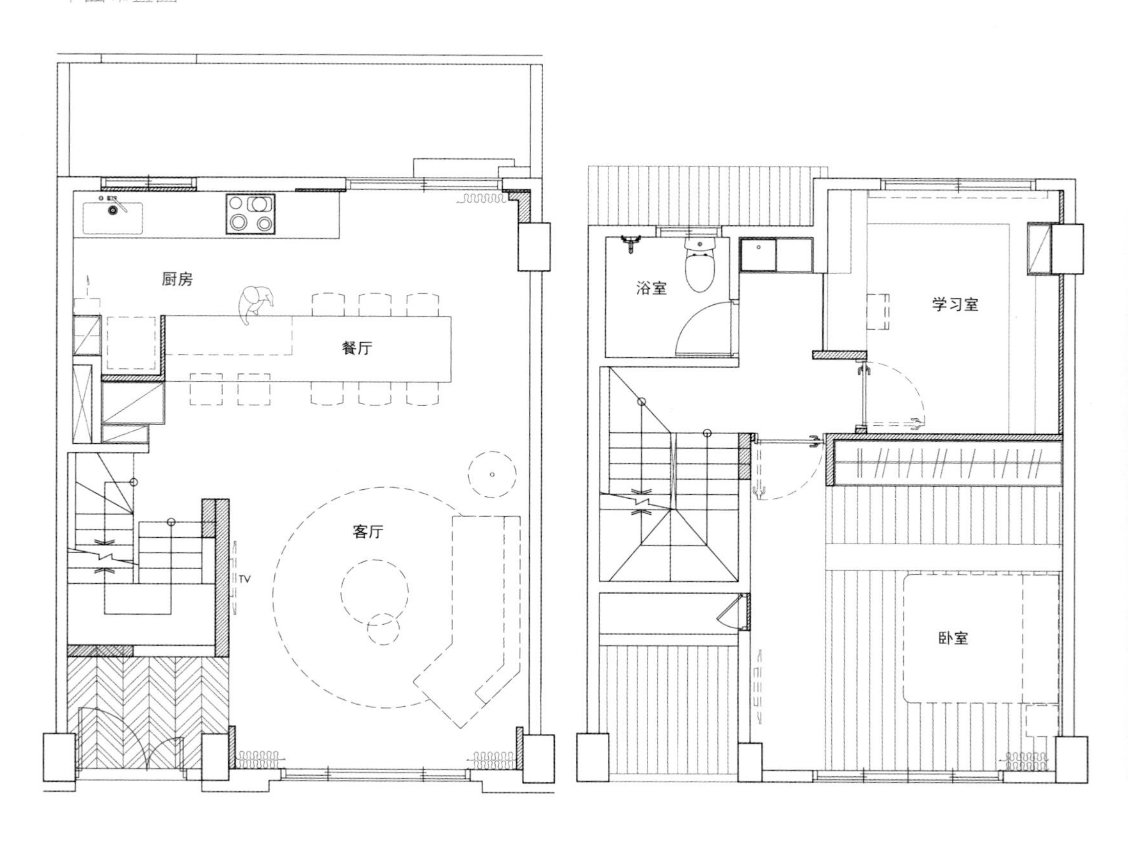

空间布局：移除隔墙，留白处理，开放布局

因应业主对于空间开阔、宽敞的需求，设计上打破了所有的隔断墙，采用大面积的留白处理，优化了使用体验。设计师整合客厅、餐厅及厨房，采用零柱体的空间结构，使得公共区域变成一个全方位的开放空间；书房隔间借由视觉透过黑玻璃与公共空间产生互动，同时，摒弃了多余的修饰点，创造了自然光的突破，还原一个灵活自如的自然空间。

采光照明：通透光线，简化灯具，刻画多维空间

为了解决室内采光不足的缺陷，塑造多层次光影效果，设计上通过落地窗、格栅窗增加室内透光度，同时搭配造型简约而小巧的灯具，营造立体的空间效果。客厅大面积落地窗引入自然光线，顶棚还设置筒灯，营造舒适、美好的空间感受。开放式餐厨区连接客厅，餐区配置枝状吊灯，为了整理空间内立面光感，工作区还置以暗藏灯槽。书房隔间为了让使用者不因空间尺度的压缩而感到封闭，特意将自然光线带入盥洗区，增加空间的通透感。

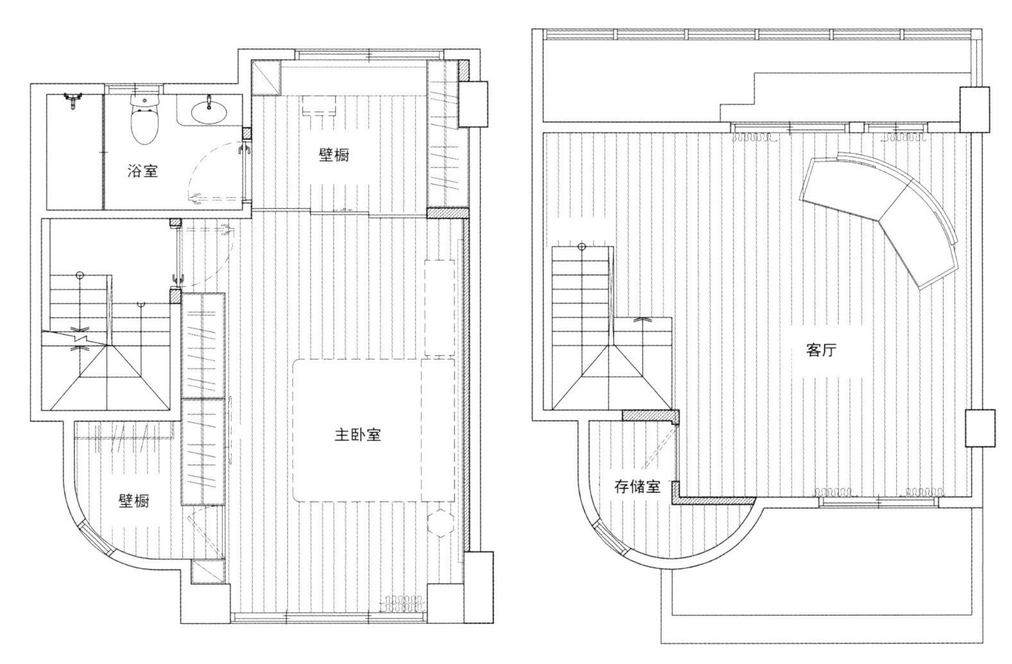

平面布置图

设计说明

空间本身所给予的宁静，是否一定来自于厚重的材质与色调？通过纯粹的白色为主体材料的规划，抹去使用者繁杂的思绪。墙面饰板以上加入大面积的灰色，如同画布着色一般，稳定了空间浮动的状态；无接缝连续的钢石地板呼应全平面顶棚，模糊了各区域边界，使产生的活动更加有机并具弹性变化。

墙面灰色依附垂直动线向上延伸，将活动行为由公共区域转换到个人空间; 家具、物品及灯具被视为画布的前景，除了定义空间属性，也如同艺术品在各空间展现，其后再加入使用者生活的轨迹，如同画笔挥洒完成一幅美好的画作。

树屋·归属本心

松山秦宅

设计公司：CONCEPT 北欧建筑
主设计师：留郁琪、曾致豪
项目位置：台湾台北
项目面积：69 ㎡
摄影师：岑修贤 Sam Tsen

主要材料

水泥模板。

创意说明

为了打造出一个自然光线得以贯穿、虚实纵横的轴线可以巧妙连接设计动线的有机空间，设计师以“树屋”为设计原型，利用原本的梁柱结构，包覆纯净而又温润的自然材质，重新分配布局，以树木的光合作用为创意点打造开敞格局，在纹理与格局的对话之中，交织出沉稳、厚实的温度与宁静。

平面布置图

家具选择及材料运用：
强调自然，注重整体，自成格局

为了让天、墙、地整体融合结合，家具不仅成为空间独特的视觉焦点，也代表着根深叶茂的林中树木。大面积的块状平面和中性的大地色系，由充满戏剧张力、立体感强烈的家具作为主要角色点缀其间。空间以餐厅的大块原木餐桌作为基底往四周发散，木皮、水泥、金属材质的家具则于四周烘托、环绕。当梁体幻化为树枝，伸入系统柜与展示区联合构成的躯干，在水平分界线上，演变成一道垂直交叉的结构，兼具功能与视觉美感。寄寓树木意象的家具，再加入亮眼的金属色泽和跳动的几何图形元素，多了一分重新诠释的时尚生活感。

设计说明

年幼时向往拥有一个树屋，能够躲进自己的天地，享受安全、静谧的空间；成年后在都市喧嚣中，更渴望能回到属于自己的归属本心。摒弃瑰丽、繁复的雕琢，在单一、冷质的界面上衍生出极简的纯净，取用树木宽广盘踞又包容无垠的意象，生长出厚实的质地与岁月的触感，不着痕迹地让材料本身展现原始的风貌。真正的安全感，来自于结构的踏实和细节的刻画。

此案业主秦先生与新婚妻子，向往一个开放性高、专属两人的宽敞质感空间。中工常翠宅邸位于台北民生社区，挑选二层的位置，日照进光量适中、清爽，希望将室外的盎然绿意带入屋内。

一走入屋内，首先映入眼帘的是客厅一片幅度宽阔的墙幕，垂直而下连接纯色顶棚与木质地面。利用特殊喷漆赋予水泥模板粗犷的肌理和生命力，仿佛刚建成屋的原始壁面，又仿佛是经过岁月刻画的土壤表层。藤蔓植物带出空间灵性的生命力，层次间多了一道相生相息的底蕴。

当地面与格局串联一起，重新划定了格局结构，也模糊了三维空间的边界。在颜色与线条的多层次对比下，空间因而有了两极的意境与对话，光线也得以一路畅通入内。天、地、墙，三者互相串联、延伸、扩大，在无限放大的错觉中，也道出了自然界周而复始的玄机与奥秘。

客卫是用大量马赛克拼制的无瑕净白空间，突显出唯一黑色的水龙头。清爽中夹杂着戏谑、规律中又隐含着叛逆，依稀交织的序列线条，是高明度的轻快狂想。在稳重的整体设计中，又再注入一丝不按牌理出牌的跳跃变化。用洗练的眼，再度回到童年的心。

业主夫妻表示，在设计过程中，设计总监 Doris 与设计团队都能细心地处理好原本没有预想到的细节问题。秦先生更表示很欣赏设计师有所坚持的艺术家性格，希望他能继续坚持下去。

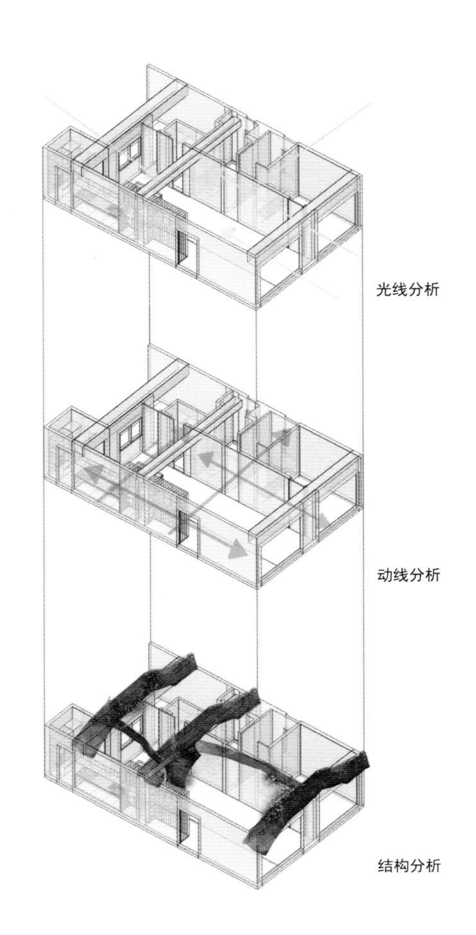

动线及采光设计：
动线自由，光线通透

为了简化空间，增加采光与动线的自由度，在布局上弱化及削减了内部不必要的隔墙与门，增设大面积的玻璃。客、餐厅大面积的落地窗保证了室内的采光与通透性，不设隔墙，对自然光线进行了最大化的利用。主卧与穿衣间、卫浴间成点状连接，并以通透极强的玻璃作为区隔，提供更多的自然采光。在木皮拉门的作用之下，条纹玻璃和清水玻璃的交互铺陈，使私人领域轻盈而明亮。光线在此不只为了照明，也提供了精神上的光合作用，让休憩更为轻松、自在。

山色远景

大观自若样板间

设计公司：瓦第设计
主设计师：黄国桓
项目位置：台湾新竹
项目面积：265 m²
摄影师：墨田摄影工作室、威米锶空间摄影

主要材料

大理石、铁件烤漆、涂装木皮板、钢琴烤漆、手刮木地板

创意说明

为了让原有开窗保留最大的采光面积，同时避免过高的家具或物件阻隔视野，本案挑选了尺度适宜的意大利品牌家具 Poltrona Frau、Minotti 及 B&B 作为空间主角。因应业主的生活习惯，还专门设置了隐藏的透明推拉门，制造出通透的视野与良好的采光条件，打造出独立却又连贯的生活空间。

平面布置图

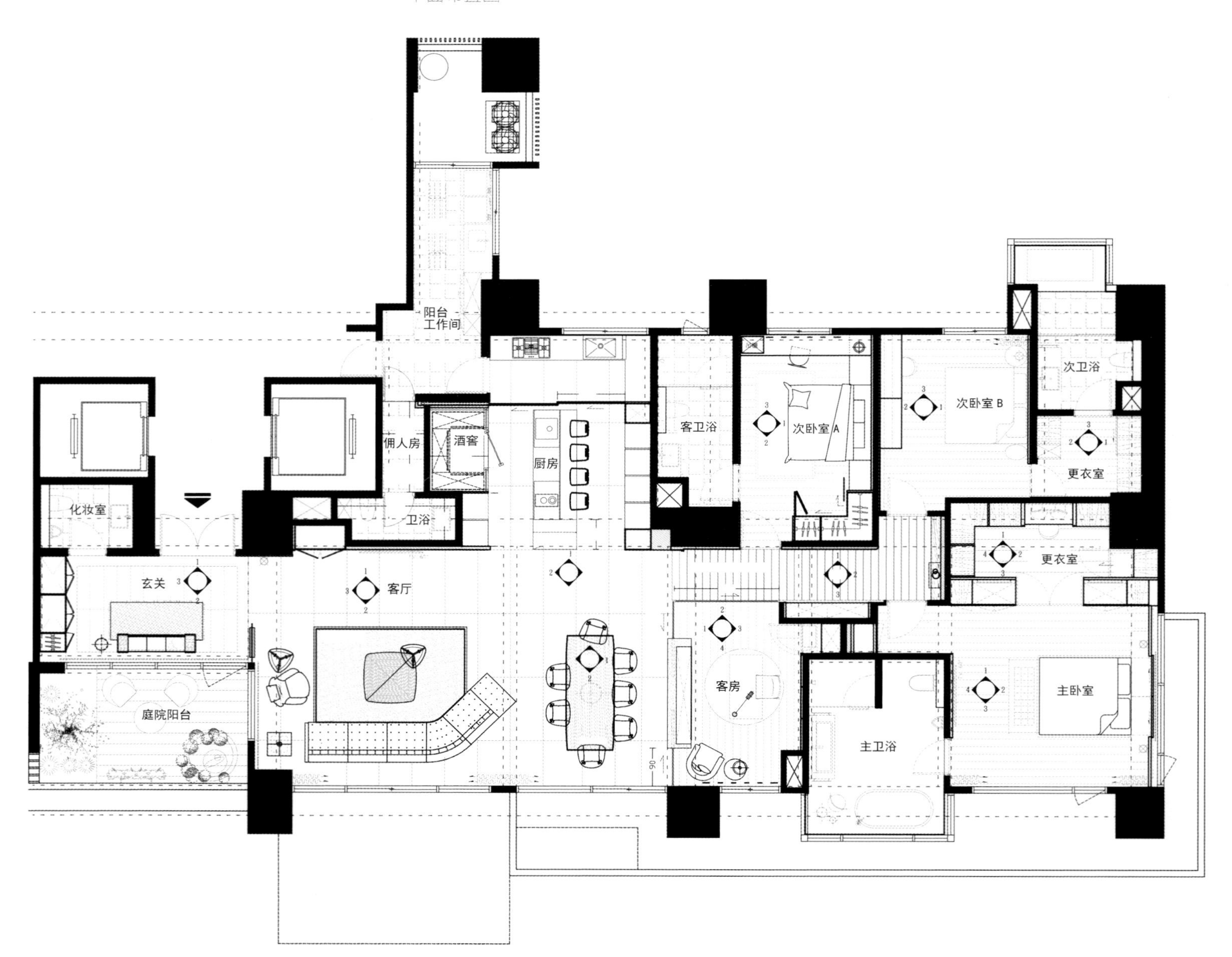

平面布置图

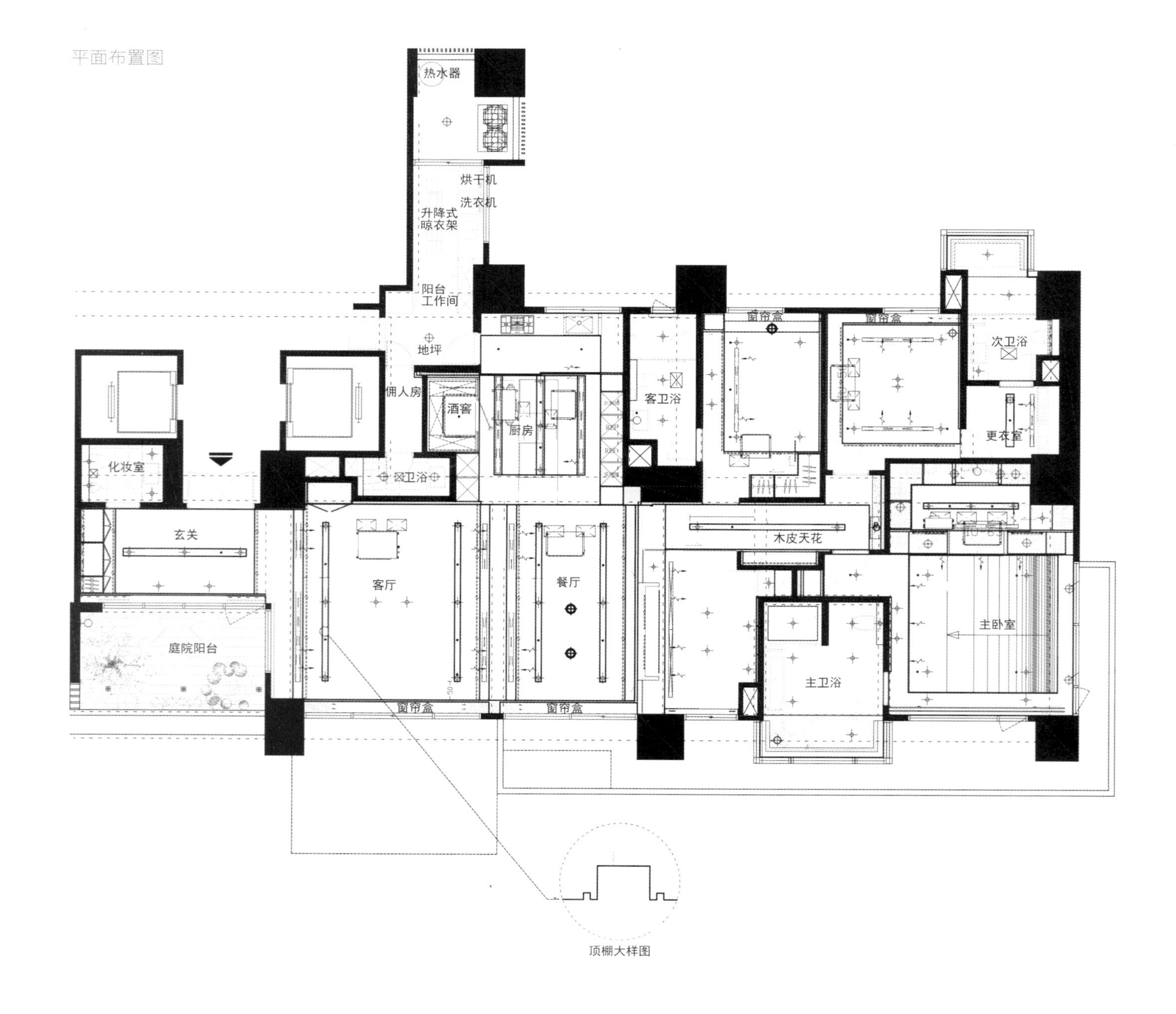
热水器
烘干机
洗衣机
升降式
晾衣架
阳台
工作间
地坪
佣人房
酒窖
厨房
客卫浴
次卫浴
更衣室
化妆室
卫浴
玄关
客厅
餐厅
木皮天花
主卧室
庭院阳台
主卫浴
窗帘盒
顶棚大样图

设计说明

该空间位于总高 26 层的高级住宅大楼的第 14 层，地处经济活动高度活跃的新竹市科技城，大楼正面拥有超过 25m 的采光开口与 15 ㎡的大阳台，前方是一条穿越整个科技双子城的河流。大楼与对岸的高层住宅建筑群遥遥相望。左侧是拔地而起、绵延不断的中央山脉，右侧则是一望无际的台湾海峡，中间夹杂了横跨溪流的高速公路、快速公路、火车铁道、轻轨电车通道等多座桥梁。每天清晨左侧会迎接从山顶慢慢升起的阳光，到了傍晚太阳则沿着溪水缓缓落入海洋；春天的时候两岸河川运动公园的新生草坪让前方的景色充满了嫩绿；夏天炙热的阳光让远方的海面闪耀着跳动的银光；秋天河道中间所有的五节芒都白了头，随着季风摇曳舞动；冬天如果寒流来时，运气好的话，还能在中央山脉看见在亚热带气候区少见的积雪。从清晨到深夜各式不同的交通工具忙碌地穿梭在桥梁与道路上，对岸的住宅大楼则自顾自地一层层拔地而起。

面对这个拥有广阔的自然美是与人类物质文明并存的无价景观住宅，设计师操作这个案子的主轴便是将这个优越的室外视野忠实、谦虚地呈现出来，让居住在室内的使用者能够深刻地感受到一年四季大自然的景观变化，同时在室内空间规划上享受到人类文明发展的深刻内涵与高度便利。

相对于玄关一开门就令人印象深刻的视野，设计师也希望让访客对于空间的调性同样有眼睛一亮的感觉，所以挑了造型颇有设计感的 Poltrona frau bench 椅，并且搭配不同颜色，呼应女主人的风格。

考虑客厅、餐厅与厨房是业主的主要生活空间，设计师将此三个空间视同一个大空间处理，客厅摆设低矮、简约的海湾型 Poltrana Kende 沙发作为空间主要坐具，避免过高的沙发阻碍了自然采光，简单的造型与素雅的色彩也不至于混淆了窗外的绿色视野。餐厅、厨房是设计师认为使用最频繁的空间，在厨房配有一个独立的酒窖，方便家人用餐共享。

Sotheby's

软装及材料运用：包豪斯流派与人文哲理共融，创造趣味生活空间

因应业主的喜好，在软装及材料选择中融入了创意构思，打造出高品位、高质感的特色居室。玄关挑选了造型颇有当代包豪斯设计感的 Poltrona Frau Bench 当做穿鞋椅，并搭配不同颜色的拼贴，呼应女主人的现代时尚风格。地毯则依照男主人博学知识的人文素养，挑选了古朴的土耳其 Vintage Carpet 地毯。时尚的穿鞋椅、钢琴烤漆门板及黑色石材地板，搭配皮革纹理的金属屏风，在玄关处就让业主的品位显露无遗。因要让整体偏长的客、餐厅空间有视觉焦点与边界，设计师在餐厅加入了个人风格，特意运用丰富纹理的黑色石材充当背景墙，并且利用拼贴手法创造出银河般的感觉，搭配上西班牙 Vibia 的 Cosmo 吊灯，呈现出宇宙和谐、生生不息的概念。

空间布局：简化动线，规整格局

为了创造出各个独立却又连贯的空间序列，设计上运用简单的动线，形成一个完整流动的空间。首先，设计师将客厅主墙面转向，创造出一个独立的玄关。接着，在整个空间的中心植入一个新的中岛联结起餐厅与厨房，增加餐厅的收纳置物空间，并且整合影音视听系统与红酒收纳等，让餐厅兼具社交休闲与工作空间功能。另外，为了方便家人与朋友在中岛与餐厅用餐，还在厨房配置独立的酒窖。在私人领域，需要保证业主的个人隐私，设计上则调整了主卧室入口开口位置，营造更为宽敞的空间感。

FURNITURE DESIGN
IDEA BOOK 08
FURNITURE DESIGN
IDEA BOOK 08
FURNITURE DESIGN
IDEA BOOK 08
FURNITURE DESIGN
IDEA BOOK 08
FURNITURE DESIGN
IDEA BOOK 08
FURNITURE DESIGN
IDEA BOOK 08

极简
灰白调

现代长屋

设计公司：贺泽室内装修设计工程有限公司
主设计师：张益胜
项目位置：台湾竹北
项目面积：181.72 ㎡
摄影师：钟崴至

主要材料

铁件、榆木、大理石、陶瓷烤漆板、玻璃、系统板材。

创意说明

基于对功能性和平衡性的尊重，本案渗入极简主义哲学，通过选择浅色图案和材料肌理，获得一种简约的美学效果。灰、白色的主基调，配搭质感自然且肌理丰富的材质，赋予空间无限的生命力。同时，以舒适居家为本，给予空间更多的吸引力，用当代的审美视角将空间具化为兼具功能性和艺术创造性的生命体。

平面布置图

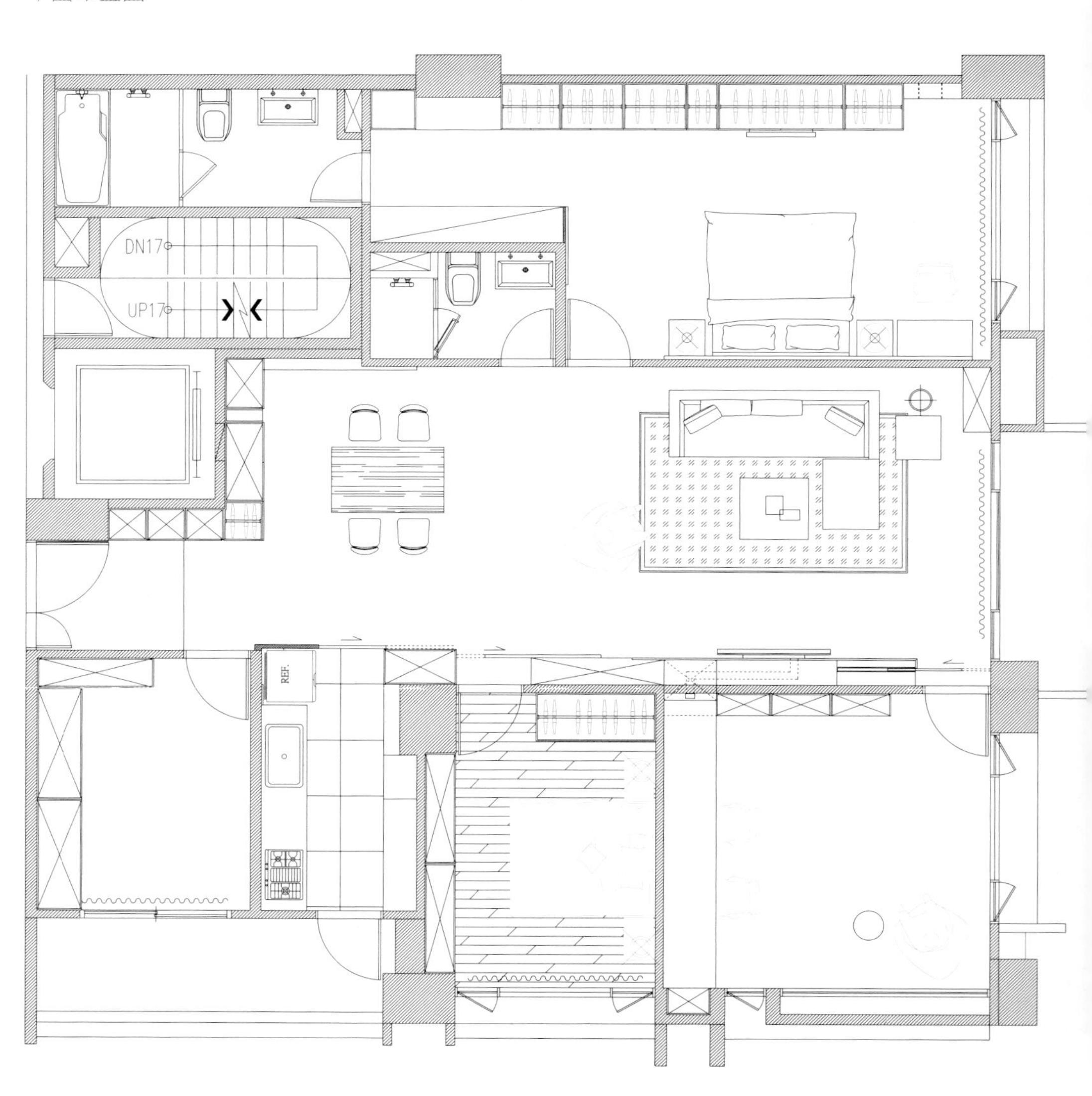

家具选择：强调功能，造型多变

在家具的选择上，一方面注重不同功能的整合，一方面注重造型的丰富多变。因此，从玄关处到餐厅区域，设计上整合不同功能的收纳柜体，并以镜面、木质两种不同的材质覆盖柜体立面，餐厅区木质收纳柜体还以墙腰带形态来展示功能，演绎丰富多元的家具造型。主卧里，设计师于柜体立面加入丰富多变的造型，透过虚实相间的设计手法，运用深、浅色材质的拼凑，让柜面瞬间跳脱平凡。

设计说明

外表斯文、年轻，说话温润的业主指着荧幕上一张 U HOUSE 的电视大理石背景墙照片，爽朗地笑称他很喜欢那山水纹路，所以要请我们设计他的第一栋房子。我们惊讶他的理由难道就这么简单？没错，就是这么简单。这样的直爽性格人物，似乎浪漫而随兴，但其实他的脑子与心里可清楚得很，才会对于自己的喜好勇往直前，一点都不啰嗦。于是这次设计师以主墙作为核心主题，最后还带着业主风尘仆仆地在茫茫石山中，百般寻觅到这片银河灰大理石，成就心之所愿，应该也算是一种舒爽吧。

面对 181.72 m^2 的婚房，设计师将采光、功能、美感三元素融会贯通，并完美结合现代风格，构筑安定的生活气氛，打造出夫妻二人的理想家居。从玄关入内至餐厅区，设计师即整合不同功能的柜体，借由镜面或木作变化，串联出立面的丰富表情，甚至在餐厅区，让展示功能以墙腰带形态呈现，借由 181.72 m^2 的趣味设计，刻画出几丝年轻意味；公共领域透过窗户引入光线，带来明亮、充足的光感，搭配开放格局配置，延展出开阔的空间感；电视主墙则施以轻盈的灰白色石材，依据设备柜位置做出立面起伏，增添墙面线条变化性，两侧则规划对称门片；卧室则纳入美好景致，强化纾压视觉，并利用整道立面收整功能，串联起休息与更衣区域，中间作出一面清玻格状屏风，在半开放设计之中，区分出不同的起居主题。

色彩搭配：
冷暖色彩碰撞，营造微妙反差

空间中的变调，是色彩引发的视觉体验。因此，本案以灰、白色为空间基调，让其他色彩在其映衬之下呈现出最本质的面貌，一切都那么自然。在灰、白调的空间背景之下，借由温暖的木色木质与质感自然的大理石，彰显冷暖色彩的协调层次。为了在现代空间中制造意料之中的反差与冲击，点缀以低饱和度的家具的绿色，抱枕布艺的淡蓝色，以及花束的红色、紫色，色彩合而不同，为客厅和卧室增色不少。

低奢港式风

壹屋亦友

主设计师：冯志斌
项目位置：江苏江阴
项目面积：230 ㎡
摄影师：扫雪

主要材料

大理石、木作、壁纸、钨钢线条。

创意说明

为了拓展室内空间，设计上重新整理空间布局，整个空间采用无主灯设计，通过质感强烈的不同材质的搭配，例如有自然纹理的大理石、色泽温润的木饰面及硬朗的钨钢门套线，解放材质、色彩上的束缚，构建出一个港式低奢的人文生活空间。

平面布置图

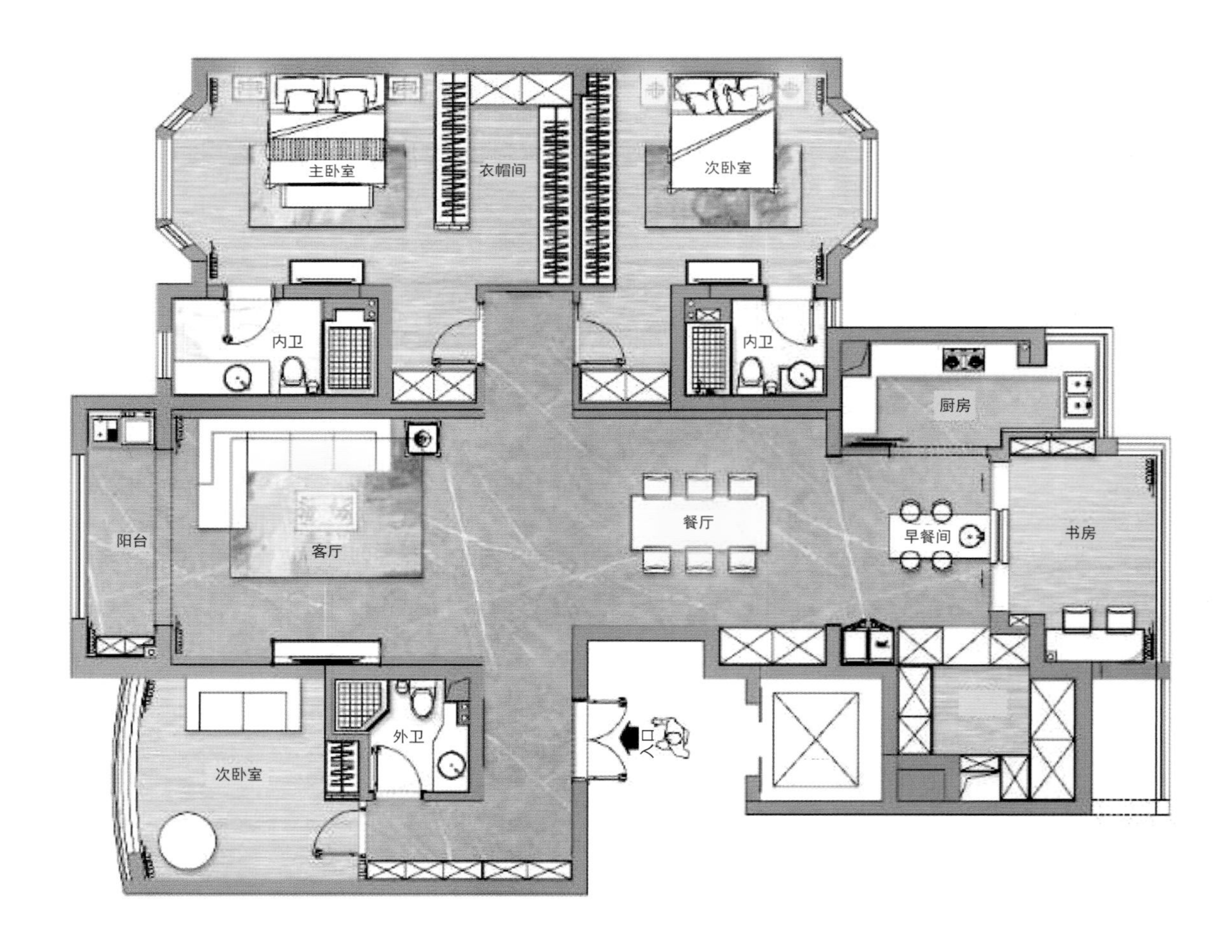

设计说明

项目位于江阴市壹号公馆，家是随性的，业主不会刻意购买软装来装饰一个家，刚好遇到并且碰巧喜欢才是最契合业主的。空间承载着生活，每个人都是生活家，但这并不代表每个人都是艺术家，对自己的所居住的空间都有自己的审美需求，也应该发自于心。作为一个设计师，不应该随波逐流地去遵循固定的设计风格套路，私人住宅一定要彰显主人的生活姿态，建立人与自然的美好关系，营造与心一致的生活节奏，设计上需要更多地去关心人的生活状态，诉说业主的情怀，可以使其自由、惬意地在空间中舞蹈自己的步伐。

空间造型：利落线条，光影丰富界面

因应长条格局与业主的实际需求，公共领域不再另设隔间墙，以开放式设计结合几何线条做规划，让自然光线随着落地窗倾洒而入。几何线条在线面起伏、错落之间，于顶棚或者木质、大理石墙面间横竖分割，把造型意象及光影变化，一并归置入空间场景，也消除了横在空间中的梁体，创造出轻盈的空间张力，勾勒出利落、简约的空间形态。

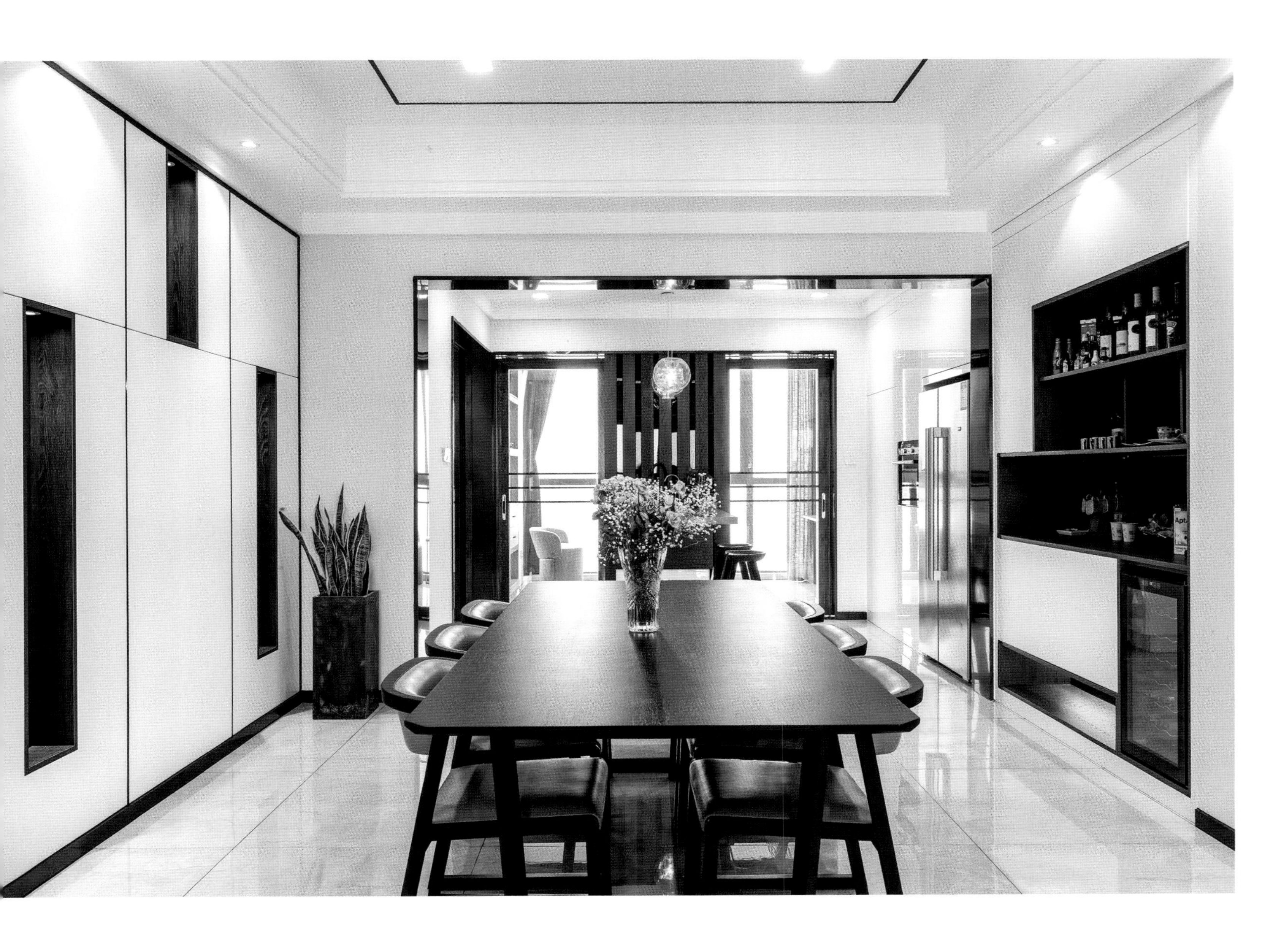

收纳设计：简约格局，多重收纳

如何发挥有限空间的收纳功能，并让空间运用更具灵活性、简洁性，是极简主义的一大重点。因此，本案以实用美学为设计主轴，先重新规划空间格局，以白色现代风为基调，在狭长空间中，公共领域利用梁体界定不同区域，立面则安排多处展示收纳空间。私人领域则单独规划出一间玻璃衣帽间，并沿墙置入组合柜体，以满足业主的收纳需求，并让格局更显简约、利落。

King

6
5
4
3
2

泼墨山水

沐光

设计公司：维耕设计
主设计师：林志龙、苏楠凯
项目位置：台湾台南
项目面积：594.72 ㎡
摄影师：林明杰

主要材料

石材、实木皮、玻璃、墙布、铁件。

创意说明

为了塑造一体化的空间整体感，设计上采用点、线、面的拼接技法，以简练的线条、分割的块面，通过整体比例的划分，拼凑、衔接木皮、石材等天然材质，配合中性色调、自然采光，宛若一幅生动的泼墨山水画。同时，整合美感与功能，烘托出一个简约、纯净又富有质感的人文家居。

一层平面布置图

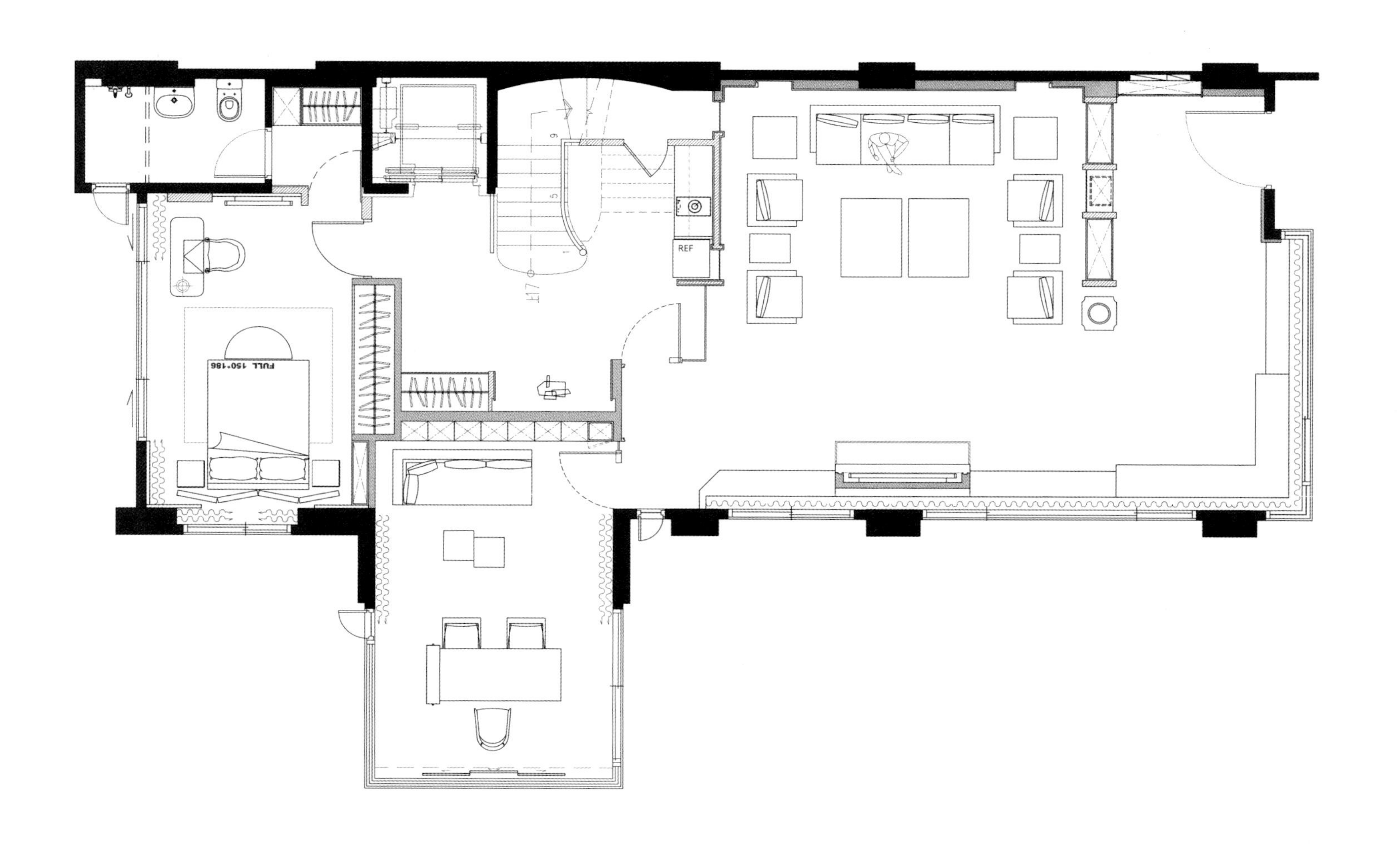

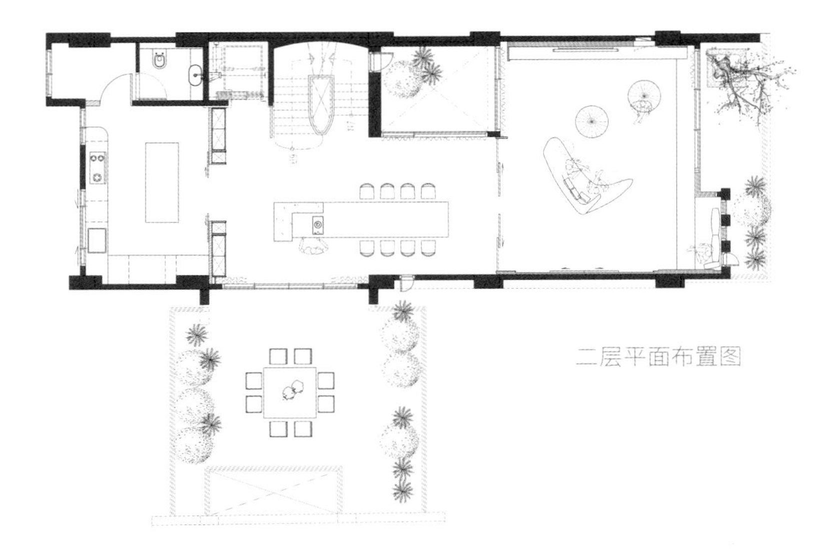

二层平面布置图

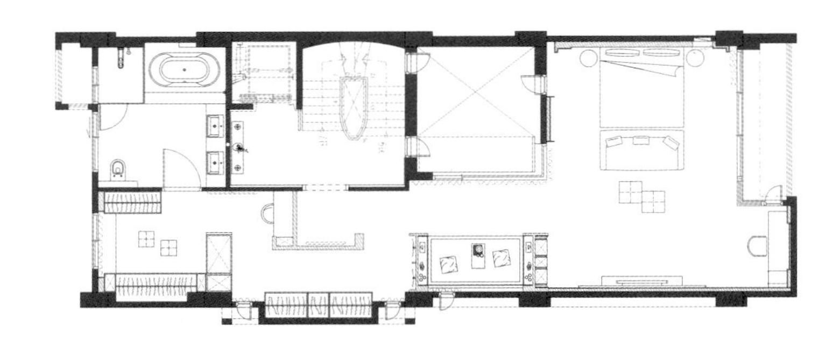

三层平面布置图

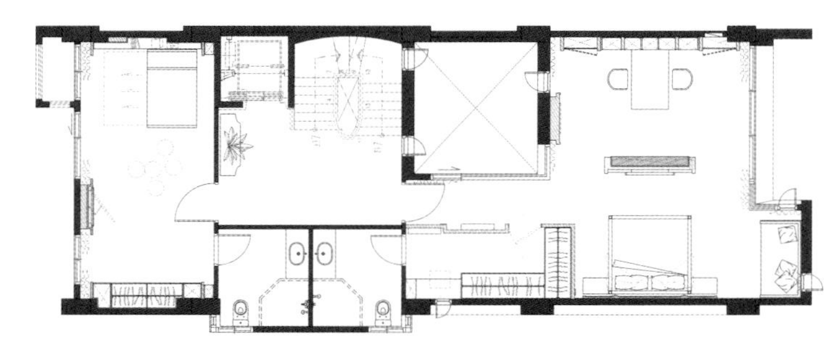

四层平面布置图

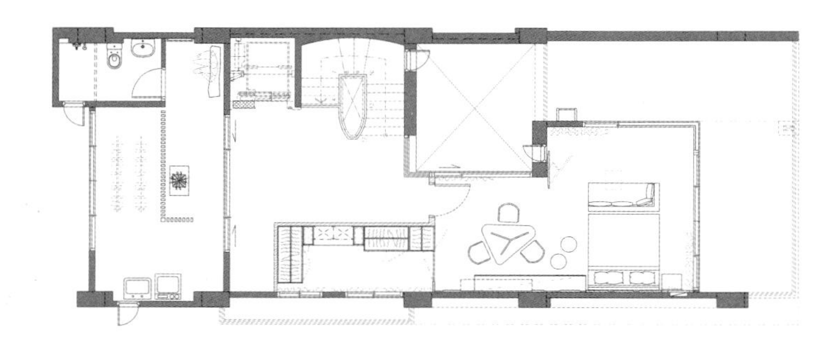

五层平面布置图

设计说明

本案以简约线条搭配中性色彩、天然建材，营造大气、开敞的氛围，并依循空间的主题，营造多样化情境，打造出功能、质感兼具备的气派宅邸。厅区运用造型顶棚彰显不凡气韵，通过延伸的线条框架，打造方正而工整的空间格局，四周墙面则以丰富的材质进行呈现，采用木皮、石材等天然材质作拼凑、衔接，配搭细致线条与立体进出面设计，彰显墙面的立体视感。书房则借由百叶窗引入光线，搭配一整面简洁、自然的深灰石材与若隐若现的窗外绿意，让室内充满自然气息，犹如一幅雅致的泼墨山水画。

空间布局及动线设计：开敞格局，动线指引

狭窄的格局与零碎的动线会令空间烦琐，唯有开敞的格局和简便的动线才能打造舒适、畅快的空间氛围。因此，在本案格局铺叙上，设计师以一条流畅、利落的行走轴线串联玄关、客厅、书房，同时采用落地窗引入光线，舒展视觉观感，让空间更显恢宏、开敞。来到空间内部，在玄关处选择带有穿透感的屏风，以此划分与客厅的区域。另外，设计师依照业主的实际需求，沿窗面铺排量体、规划卧榻，不仅构成另一处休憩空间，更形成隐约的动线指引。

材料运用及色彩搭配：营造微差，丰富层次

考虑到业主对家的风格期待，设计师以白色系简约现代风加以诠释，分别通过木石元素、镜面材质与黑、白、灰色，借由利落线面的铺叙，呈现富饶变化的视觉美感。客厅浅灰色沙发背景墙穿插暖灰色大理石营造微差，与上方白色梁体拼凑、衔接木质的顶棚产生对话，塑造富有层次感的线性空间，也串联整体公共领域，增添区域之间的互动趣味性。

现代质感的雅韵人居

李建筑师的私人住宅

设计公司：瓦第设计
主设计师：黄国桓
项目位置：台湾新竹
项目面积：95 m²
摄影师：威米锶空间摄影

主要材料

大理石、涂装木皮板、进口瓷砖、茶镜。

创意说明

秉承着“少就是多”的原则，设计上去繁从简，以低调的灰、白、色为主色，并糅合少许亮色，个性与热情尽显。设计师以现代东方的审美，结合简单的色彩、简约的质感、合适的比例，打造出整个空间独特的气质，营造简单而清爽、自由而舒适的居家环境。

平面布置图

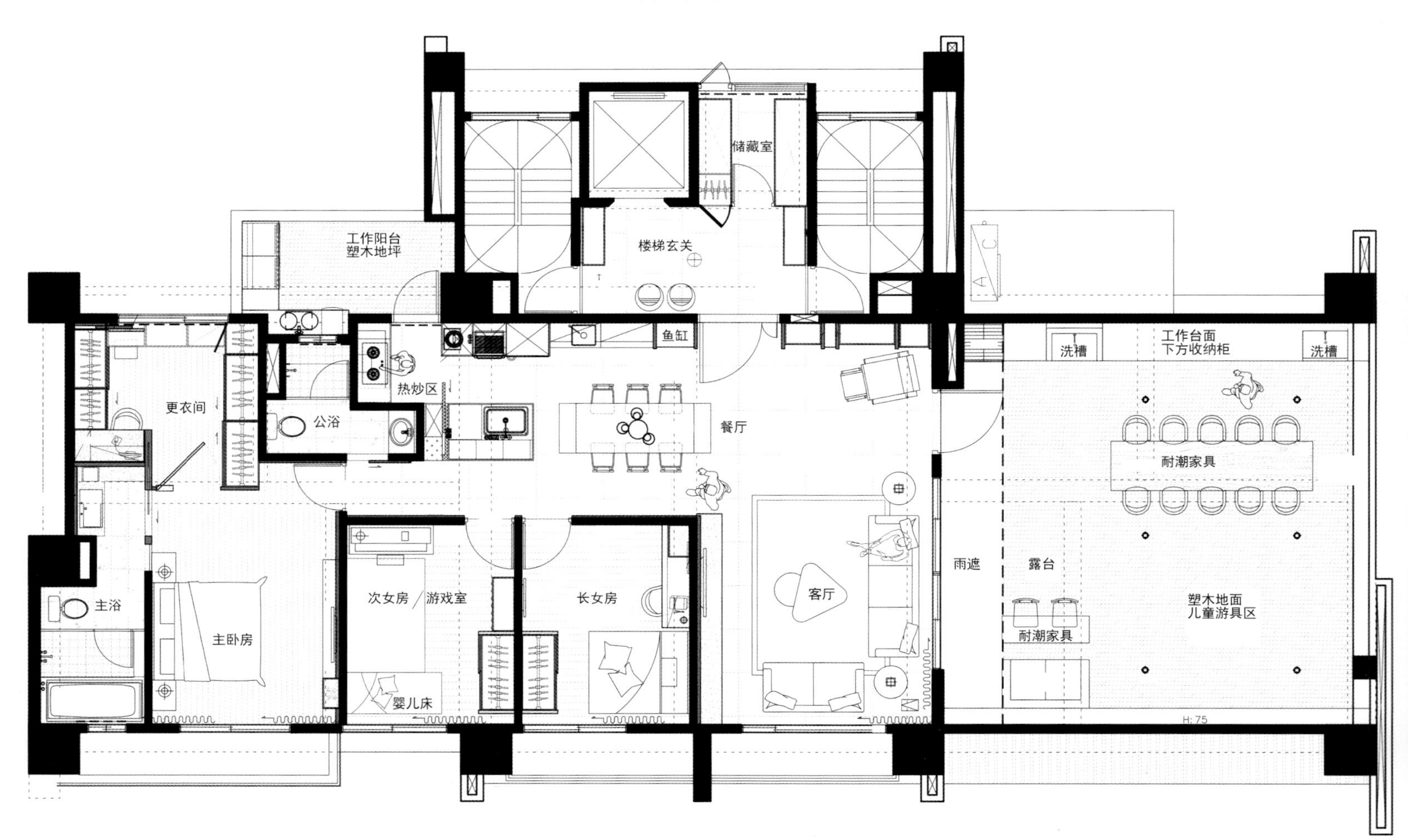

色彩搭配：适度点彩，统一饱和度

为了呈现每个空间独立的色彩个性，达成一种回归的简约，在色彩的选用上，加入了少许亮眼的亮色，并将每个空间的色彩统一在同一种饱和度里。客、餐厅空间以灰白色为色彩基调，穿插偏淡色系的木材，并用家具、灯饰、布艺高饱和度的橙、红、蓝、绿色点缀其间，并在软装中反复强调，统一之中彰显十足个性，空间也因此传达出温和而又热情的主旋律。

材料运用：简化材质，统一格调

为了更好地表达简洁的效果，摒弃花哨材质，统一格调，主材仅为简单的几种，表达出更为纯粹的视觉观感。公共区域一般是居家空间的核心区域，故特别强调视觉主题性。设计上选用纯净的白底浅灰纹理大理石与茶镜拼贴出大面积的客厅电视背景墙，配合利落的分割线条，切割出不同大小的面积，增添变化感，结合下方的黑白根大理石及进口瓷砖，展现恢宏、大气之势。为了达到统一性，塑造简约、个性的空间风格，餐厨区墙面也运用了同样纹理的大理石，通过材质的呼应，达到简约的空间效果。

顶棚灯具配置图

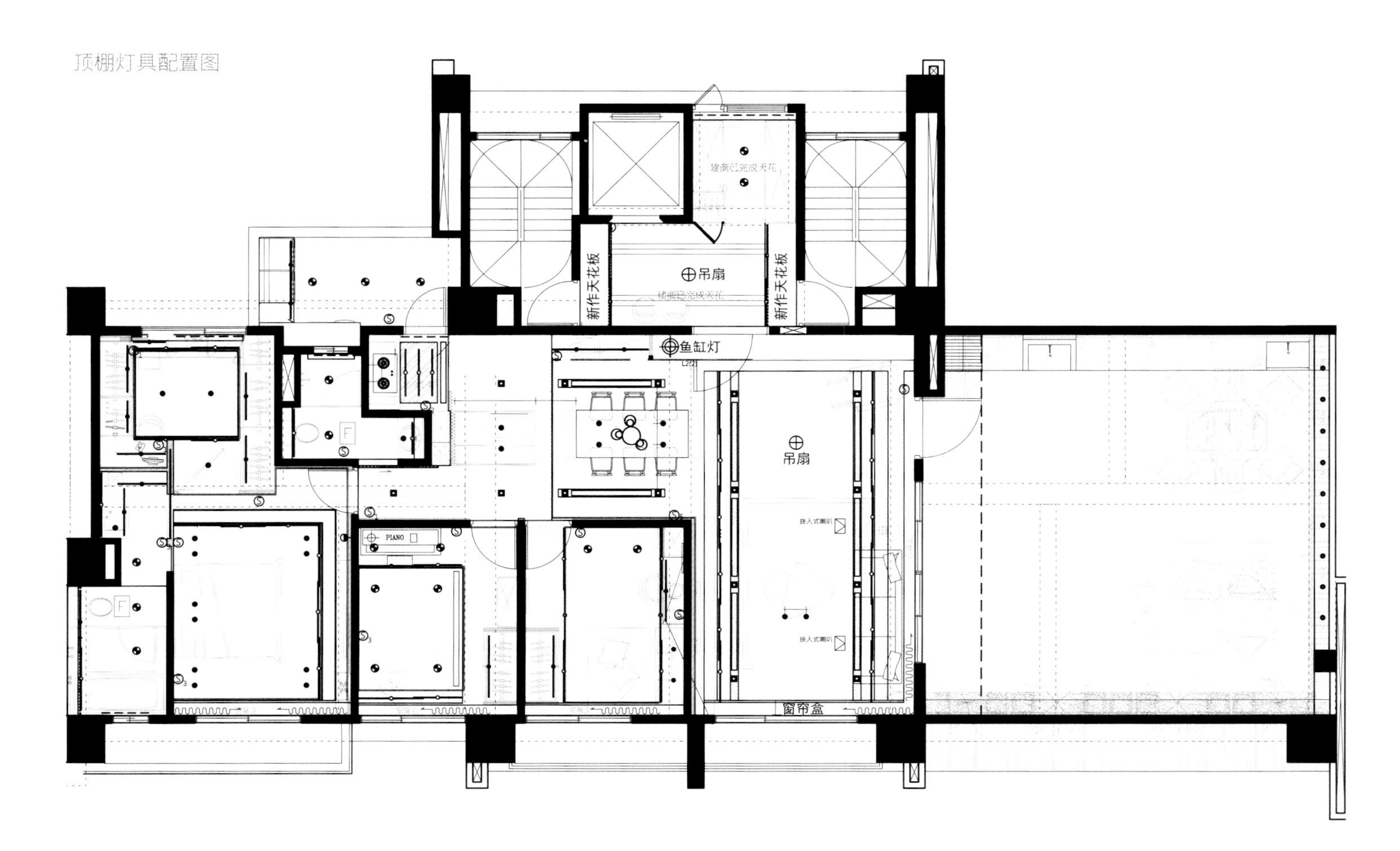

小隐隐于野，大隐隐于市

吴山名苑

设计公司：杭州文青设计
项目位置：浙江杭州
项目面积：200 ㎡

主要材料

KD 板、ICC 瓷砖、科勒橱柜、美国宣伟乳胶漆、千年舟板材、科诺斯地板、大理石。

创意说明

业主是爱生活、爱阅读、爱旅行的人。因此，设计上剖析了业主内心的想法与需求，采用了与一般家庭风格不同的现代简约风，借由量身打造的生活环境，为空间谱写幸福篇章。业主希望孩子快乐健康地成长，为此设计师还专门为孩子开辟了一个健身空间。直白的空间与利落的线条，在光影的变幻中呈现一家人的幸福生活。

平面布置图

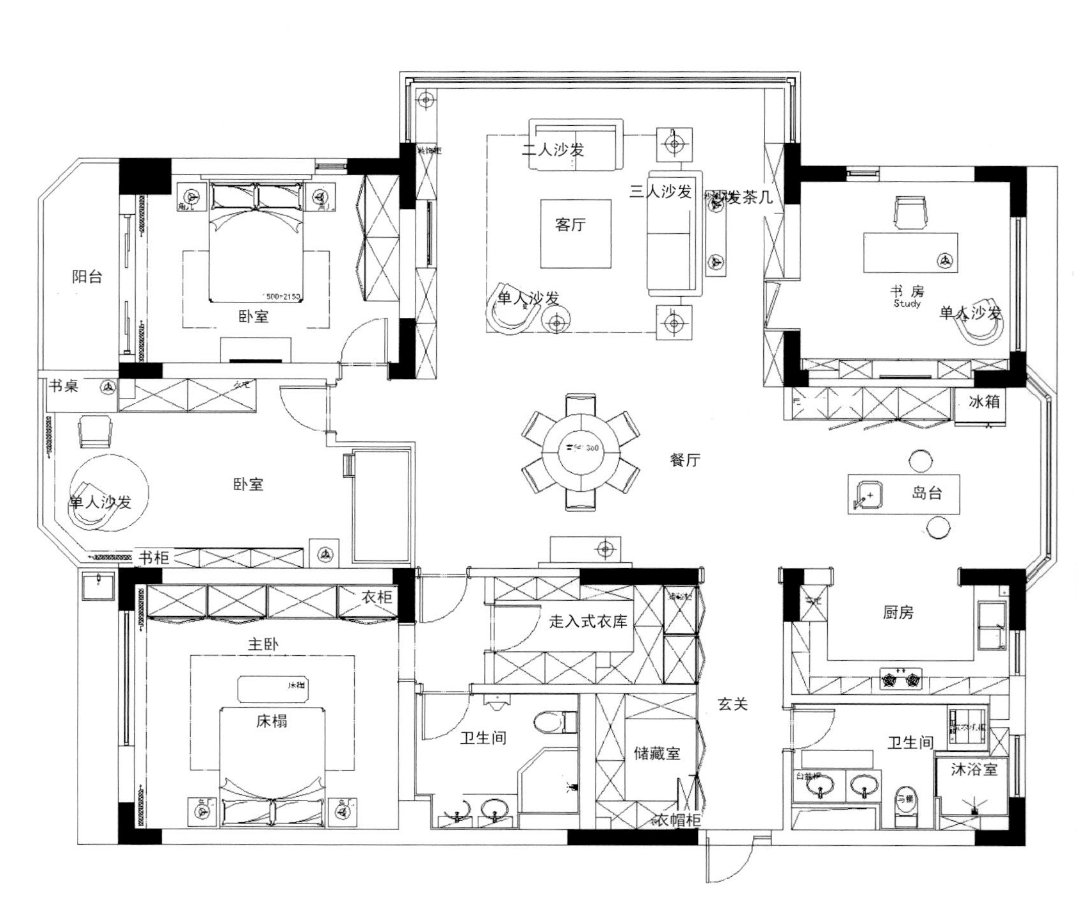

色彩搭配：留白，将极简主义进行到底

设计师希望将极简主义的纯粹感发挥到极致，因此，摒弃繁冗、舍去复杂，静谧的大面积白色便成为空间的主要角色。在浅木色拼接地板营造的暖意氛围中，大面积的墙面留白是隐于市的最佳写照，配搭灰色、棕色的简洁家具与配饰，简约而大气，彰显出细腻的质感和高级的品位。除此之外，为了活跃空间气氛、呼应设计主旨，室内的盆栽绿植既与户外林景形成呼应，又成为空间最富朝气的点缀。

软装配饰：轻装饰，重至简

在现代简约风的住宅空间中，无需刻意描述具体的空间场景，而是采用简单的物件、配饰布置整体空间，给予空间最大的自由度与舒适感。因此，为了营造简洁、流畅的空间效果，无论是客、餐厅，还是卧室，都摒弃了一切与隐于市的生活不相关的元素。客厅陶制品摆件、素雅的布艺，以及走道墙面的木质造型装饰等，都在至简的形与色中找到新平衡点，连书架上的书籍、摆件也被安静地搁置于一隅，简化了一切不必要的装饰，只留一丝至简意味。

设计说明

女主人认为家就是要让人轻松、舒服的地方。因为业主家里书比较多，而且外出去旅游经常会带一些小玩意放在家里，所以客厅想做成一个书吧的形式。希望平时闲暇的时候，一家人可以坐在客厅里看看书，享受亲子氛围。儿童房想让孩子拥有一个私人嬉戏和锻炼身体的空间，比如和设计师沟通后安装的吊环，可以帮助他做引体向上锻炼，平时还可以玩玩积木、看看书。游戏、娱乐、看书，都能在这个空间里完成。

黑白灰的节奏演绎

九龙仓 . 碧堤半岛

设计公司：子时国际设计
主设计师：陈昌华
项目位置：江苏苏州
项目面积：300 m²
摄影师：王友林

主要材料

石材、皮革、玻璃、金属、木材。

创意说明

本案为 300 m² 的别墅，初见便觉空间优雅谦逊、低调内敛，深沉且不张扬，风度翩翩且气质高雅。因不仅要让空间拥有功能体验，更要与大自然色彩产生对话，设计上便运用充满自然纹理的材质，产生大自然的张力和感召力，结合流畅、协调的空间格局，黑、白、灰的节奏演变，演绎丰富的层次感，在光线的映衬下，呈现出一个充满温馨与质感的生活空间。

平面布置图

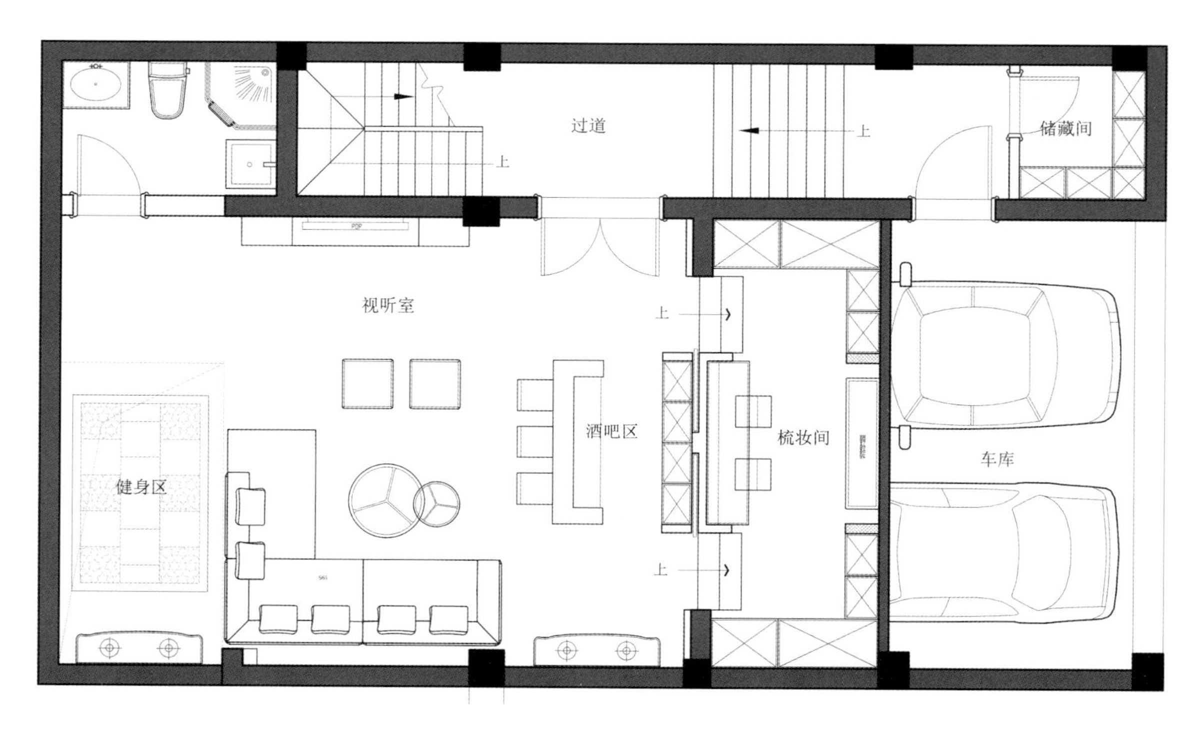

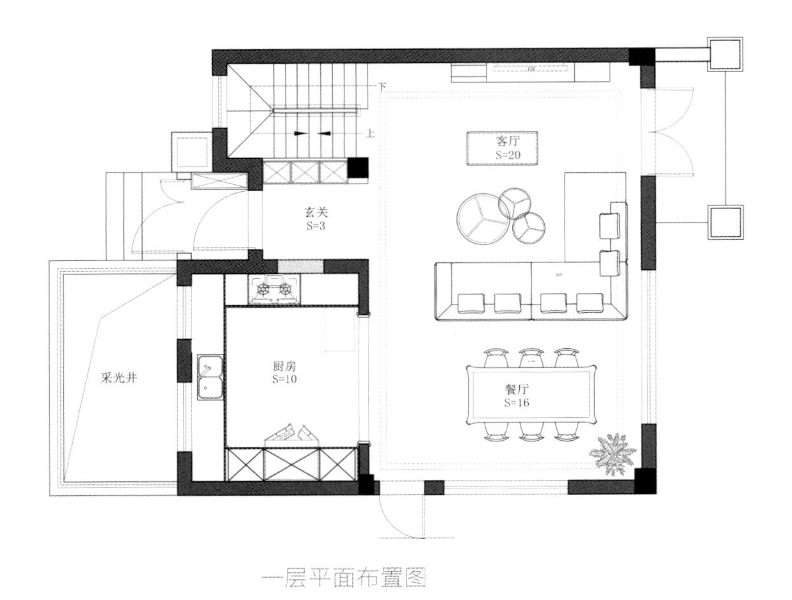

一层平面布置图

二层平面布置图

流线设计：开敞式设计，
运用利落线条、单一材质分隔空间

为了使动线更为流畅，并诠释空间格局，尽显干净利索、自然安稳的空间格调，一层客厅、餐厅、楼梯间采用全开放式设计，并运用简单的线条、玻璃材质对空间进行分隔。主卧延续了客、餐厅的理性风格，亦采用了开敞式的设计手法，整面内置百叶的落地玻璃与卧室分隔，使整个空间通透、宽阔，满足业主的生活需求。地下室因要利用原有户型的有利条件，遂借用原有车库上方的位置进行了悬挑设计，形成了一个新的空间——美妆工作室。视听室与吧台构成的宽敞空间，也增加了层次感和流通性。

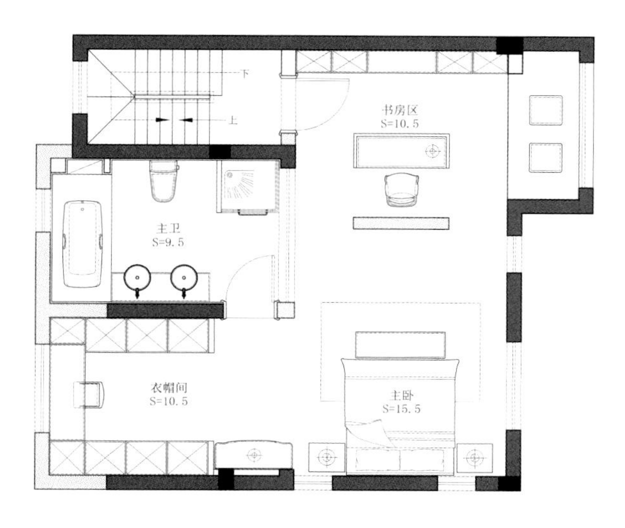

三层平面布置图

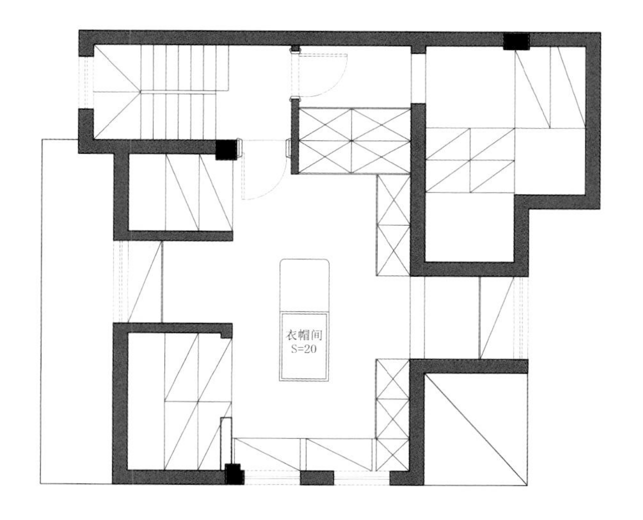

四层平面布置图

设计说明

本案拥有得天独厚的地理优势，依山傍水、远离喧嚣。业主是一对 90 后幸福的小夫妻，男主人是雅思英语的监考官，平时穿着随意，身高 180cm， 体型健美，性格随和，是一个酷酷的帅小伙。女主人是精通中文的韩国美妆师，身材高挑 170cm，面容清秀，时尚气质，是一个甜美、爱笑的姑娘。

该项目总共分为 5 层，一层和地下一层为主要功能区。其中一层为客厅、餐厅、厨房；地下一层为视听室、酒吧区、美妆工作室及车库。二层为儿童房、客房、长辈房。三层为主卧的套房。四层为衣帽间与储藏间。

餐厅餐桌上选用银质的饰品和果盘，配合精致的水晶饰品，也使得空间越发沉稳内敛、精致优雅。淡淡的黄绿色的点缀，使空间个性鲜明、视觉效果强烈。

客卫全部选用了灰色石材纹理的瓷砖进行打造，极其简单的线条，极其纯粹的色彩，使得空间充满现代感。给人一种闲适的意趣，一尘不染、素净澄明。

主卧选用了更为暖意的实木地板，打破了家具的沉闷感，使空间更加通透，并且呈现出冷暖、深浅不一的视觉效果。蓝白相间的装饰画，也为空间添了色彩的节奏感，让空间更富意趣。

主卫从布局上看，两个台盆是并列放置的，在劳累一天后，可以在这里尽情放松，享受完全属于自己的时刻。

地下室黑色拉丝不锈钢材质的玻璃门和酒柜，很好地分割娱乐区和工作区，也最大限度地将视觉延伸，空间互通。爵士白大理石的酒吧台，几何形灰色布纹肌理质感的瓷砖，时尚、冷峻而不失温暖。粗质棉麻的沙发搭配深咖色真皮单椅，低调而深沉。美妆工作室采用了大量原木色材质和防潮性极佳的布纹砖，整个空间在统一之余又多了一些暖意。

色彩搭配：黑、白、灰色调，演绎多变空间节奏

深灰色系的空间底色，给人深邃、沉稳的感觉，因要在这灰色空间中形成诸多质感的层次变换，并打破空间的沉闷，设计师将黑色、白色与高级灰组合搭配，实现了一种视觉的纯粹感，单纯、饱满且丰富，如同经典的黑白电影一般。黑、白、灰的演绎，不停留在表面的呈现上，而是空间内涵的一种追求。客厅简洁的线条和强烈的色调进行对比，搭配不落俗套的家具，给人耳目一新的视觉观感。视听室如同黑白电影的场景，为了让黑、白、灰的节奏得到多样性的演变，设计师将格局简化成黑白色块，几何形的装饰背景呈现不一样的韵律，给空间增添了戏剧性的效果。极具理性的色彩，将空间打造成精致而具有格调的绅士空间。

至简意味

灰色轨迹

设计公司：杭州朱莉软装设计
主设计师：熊真真
项目位置：浙江杭州
项目面积：385 m²
摄影师：林峰

软装主要材料

家具、灯具、窗帘、壁纸、配饰。

创意说明

为了打造层次感十足的现代空间，居所以低彩度的灰调进行呈现，充满极简主义的气息。无需过多的硬装基础，简约而又不简单；也无需繁杂的装饰、绚烂的色彩，素雅而淡然。透明窗纱若隐若现，仿佛来自遥远的云之彼端。宽大的落地窗迎合自然环境，自然光线带来不同角度、不同强度的光晕，酝酿宁静而舒适的空间意味。

平面布置图

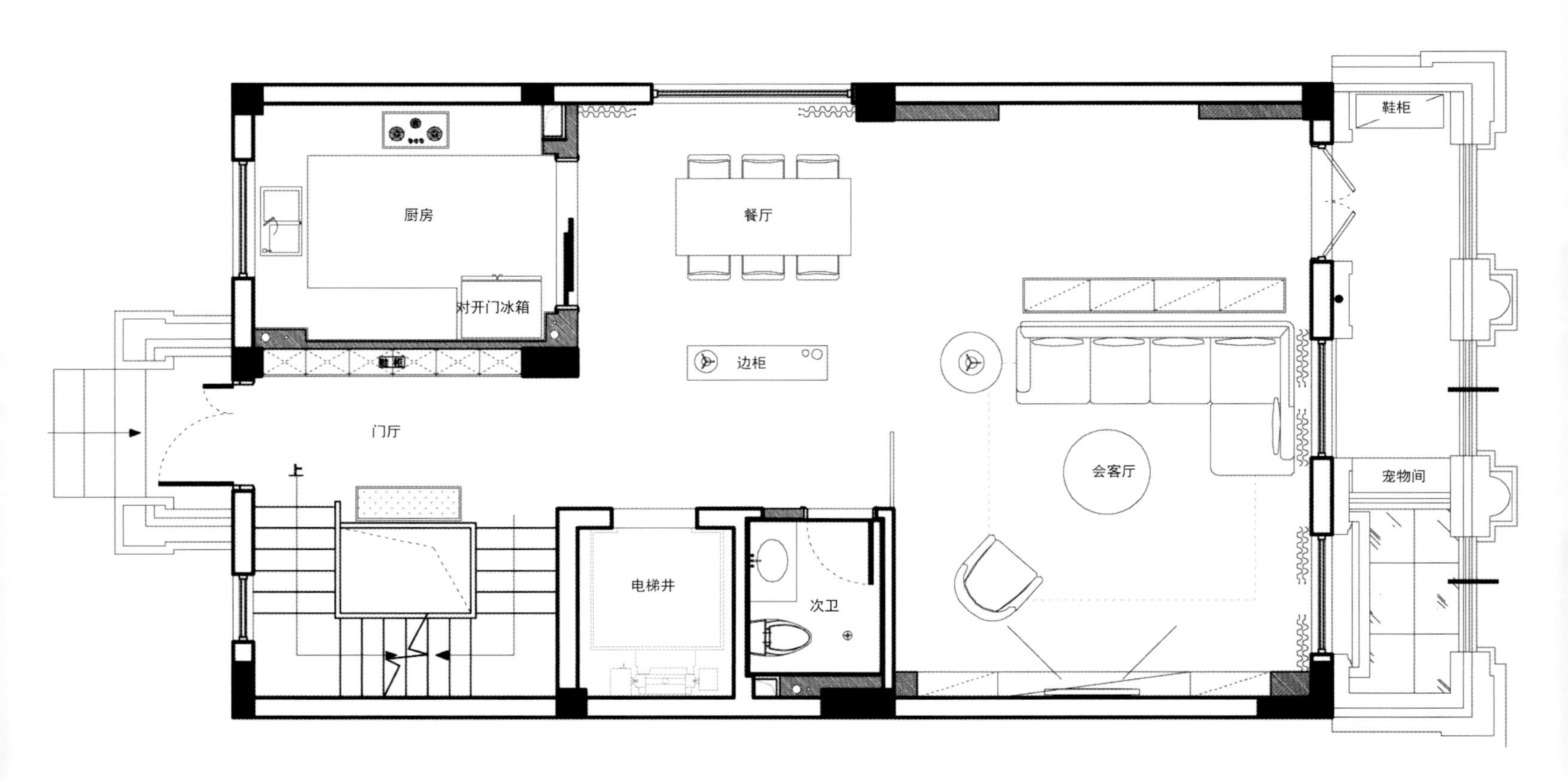

CENTURY
Audrey Hepburn
BONESHAKER
MICHAEL JACKSON
THE HOTEL BOOK

色彩搭配：削减色彩，统一色调

因应业主对色彩层次的需求，设计师减少色彩的使用，仅将蓝色、咖啡色及魅影黑融入低调的灰色基调之中，晕染出简洁的空间效果。餐厅空间感十足，与客厅空间的低彩度的灰色调相协调，低调又不失优雅。客卧是灰色、蓝色交织的欢愉梦境，整体墙面色调与大空间相协调，带来朦胧的私领域意境；同时，魅影黑运用于床头灯灯罩上，与灰色相互协调。色彩的弱化使得公私领域更为完整、统一。

配饰元素：化繁为简，丰富空间层次，润化视觉温度

如何丰富小空间的层次感，提高整体的视觉温度？设计师这样理解——即无需过多的装饰。为了在有限的装饰中缓和视觉冲击，墙面配搭黑、白色的简约装饰挂画，简单的几幅装饰画反倒为空间增添了柔和、温馨之感，同时铺叙个性感十足的装饰壁纸，丰富整个空间的层次感，融合摩登与知性，带来梦幻般的视觉效果。斗柜造型颜色都很好地为空间增加了稳重感，因要弱化灰色调的硬朗气质，特意在斗柜等家具上方摆设几盆绿植，动人的绿意为空间增添了些许生机与温度。

设计说明

生命的轨迹，细腻而蜿蜒。

时间从指间不经意地弹落，往昔的格子爬满了时光的足印，它正在里面结网，把每一个格子都尘封起来，这种感觉是用灰土裹着的黄金，如果不去品读它，便永远不知道它的真正价值。

一天一天的成长，慢慢地就会摸索到这个世界的一角。或许这些带着神秘的地方，能让生命的轨迹趋于平缓。或许，这世界不是黑的，只是多了些灰而已。

餐厅简约、精致的整体橱柜，搭配舒适的灰色柔光砖，整体简洁、大气。女儿房的粉色是同公主成长的浪漫记忆。窗帘、床品、单椅都使用了充满少女气息的粉色系列。融合了不同层次却协调的色彩度，加以点缀装饰抱枕、配饰，丰富了空间的层次感，清新而又美好。

CCD 香港郑中设计事务所

CCD
ChengChung Design

CCD 香港郑中设计事务所专业为国际品牌酒店提供室内设计及顾问服务，曾在美国《室内设计》杂志 2013 年度全球酒店室内设计百大排名中位列前三。自 2001 年创立，已获得金钥匙奖（Gold Key Awards）等全系列酒店设计大奖的同时，CCD 以其资深的设计专业知识、丰富的国际化经验及成熟的管理技术，在行业内始终保持领先的地位及前瞻性的创新。

创始人郑忠先生（Mr. Joe Cheng）坚信，真正成功的设计是建筑与室内设计所带来的高质量建设及专注细节的完美结合。而他所带领的 CCD 精英团队来自美国的纽约、洛杉矶，加拿大以及东南亚等地，他们与生俱来的东方文化背景、广博的国际化教育与出色的工作经历，为 CCD 每一个设计作品注入了力臻完美的独特价值。

方磊

2009 年创办 One House 壹舍设计、2013 年组建 One Casa 壹家居创始人，首席设计总监。

获奖纪录：
2017 年居然设计家杯家居设计大奖赛公寓空间银奖
金外滩奖最佳卫浴空间奖
2016 年中国室内设计新势力榜全国榜设计师 20 强
现代装饰国际传媒奖年度办公空间大奖
40 UNDER 40 中国设计杰出青年
金堂奖·年度优秀样板间
金堂奖·年度优秀住宅公寓等

李智翔

李智翔，毕业自纽约 PRATT INSITITUDE 室内设计，2008 年成立水相设计，擅长幽默的设计语汇与赋予空间强烈故事性，具有不按牌理出牌的设计特征。

获奖纪录：
2012 年台湾室内设计大奖 - 工作空间类 TID 奖
2012 年台湾室内设计大奖 - 住宅类 TID 奖
2011 年金点设计奖
2010 年亚太空间设计协会 -Excellent Award
2009 年台湾室内设计大奖 - 商业空间类金奖

瓦第设计

VATTIER
Design

瓦第设计长期专注于居住行为相关的空间形态的规划设计，从地产开发商集合住宅的单元平面空间、小区公共设施与景观设计、广告企划公司之销售会馆样品屋实品屋等规划，行进而进而到私人住宅设计家具细部施工，均秉持着全方位专业完善的 Total solution 操作执行模式。

我们专注仔细地聆听业主真实的需求与声音，有系统与效率的分析客户需求与预算执行，期许能够提供客户完善且美好的设计服务与施工质量。

沃屋陈设

WOW
DECO
沃屋陳設

沃屋陈设（WOW DECO）是于强室内设计师事务所完整的服务系统中，为满足客户对全面设计服务及最高端设计服务需求而建立的一支富有艺术美感和创造力的陈设设计团队。拥有经验丰富的陈设设计师及国际化的设计视野的同时，我们倡导自然健康的生活美学，解读每个空间之独特魅力，为高端酒店、样板间、售楼中心、商业空间、私人会所等提供整体陈设规划设计服务。

针对不同空间和客户的需求，我们提供咨询、设计、采购、布置一站式整体陈设解决方案，量身定做独一无二的配饰产品，结合硬装设计之整体风格进行专业陈设配饰设计，表现不同空间的性格特征与品位内涵。同时，我们建立了完善的项目控制协作平台，在追求设计品质与产品质量的同时，亦注重过程管理，是设计理念及成本控制贯彻于整个项目中。

永续设计

Studio STAY
永 续 设 计

Studio STAY/ 永续设计，是国际建筑与室内设计精品事务所，创始人教育背景为美国纽约哥伦比亚大学，建筑系硕士。在国内外从事建筑与室内设计 22 年，专业从事五星级酒店、高端别墅与会所样板间建筑与室内设计和艺术设计。

Studio STAY/ 永续设计，以创新设计思维与原创设计元素为主干，主要以良好与独特空间组织与构架来作为建筑与室内设计的主调，再辅以完美整合的艺术品、软装设计打造出整体空间体验。

事务所现拥有多年高品质项目资源，工作团队年轻富有激情，在工作中可以接触到高端项目和全面了解高定项目设计工作流程。

排列不分先后 鸣谢

丹健国际

DIA（Dejoy international architects）丹健国际，是由中德多位设计师合伙成立的国际化设计团队。总部设在深圳，在上海和德国均设有创作团队和顾问团队。DIA 主要从事酒店、办公、住宅、商业空间及交通枢纽等公共空间的室内设计。曾先后与华侨城、华润、融创、绿城、金融街、万科、鹏瑞、百仕达等一线知名企业建立长期的战略合作关系，拥有众多重量级项目（如深圳湾一号、融创北京壹号院、深圳九榕台、上海洛克外滩源、上海华侨城苏河湾、上海华润外滩九里等），并以其良好的信誉和稳健的作风在业内赢得了良好口碑。

尚层装饰（北京）有限公司杭州分公司

尚层装饰（北京）有限公司杭州分公司，成立于 2012 年 6 月，坐落于杭州黄金地段——钱江新城，坐拥最高端的 UDC 时代大厦 25、26 两层，占地面积约 3000 ㎡。

成立至今，公司员工已达 300 余人，服务范围以大杭州为中心，覆盖周边义乌、金华、湖州、绍兴、衢州、诸暨、临安、海宁、桐乡等各区域。

同期别墅在施工地 430 多个，以绿城桃花源、元福里、良渚壹号院、府尚别墅、大华西溪、蓝庭伍重院、西湖高尔夫等高端私享住宅为代表案例，专业的设计水平、别墅施工工艺和的全方位的服务赢得了行业和客户的广泛认可和赞誉。

共禾筑研设计有限公司

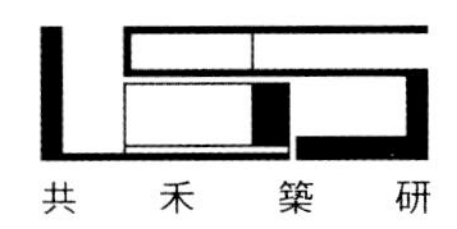

公司成立于 2005 年。我们秉持不断创新的设计观点，力求空间美感与实用功能发挥至极致，坚持专业的施工质量，以及永续的保固维修，竭力为客户提供最完善、最优质的工程服务。公司主要服务项目以住宅室内设计为主，其中涵盖了室内空间设计、商业空间规划、旧屋翻修新建、自建别墅、办公室空间设计、景观美庭园设计等，并提供免费专业设计咨询、平面图规划。

冯志斌

冯志斌，90 后新锐设计师，江阴糖朝设计主案设计师。毕业于南京邮电大学。

设计理念：
推崇返璞复简、去伪存真。在混沌里，我们勾勒方寸的清晰，在昏暗里，配灯开窗、看见惊喜。设计是一种丰富而复杂的存在，不能用风格去定义，我提倡“无风格设计”，将空间的功能性与艺术性特质一同彰显并自然流露出来。

室内设计是对家的打造，而“家”不仅仅是传统意义上的文化符号，更是现代人的避风港湾与精神归宿。我希望我所打造的家，正式合乎现代人心意的栖息之所，让他们在其中与最真实的自己相遇。

设计师既是倾听者也是创造者，但不是复制者。设计应不断融合新思维，借此演绎具有前瞻性生活理念和价值取向的美学空间。

贺泽设计

贺泽设计成立于 2006 年，由合作伙伴张益胜及胡闵惠共同创立，两个人皆有扎实的建筑学养成背景及多项建筑相关合格技术证照。提升现代人环境安全及生活美学是公司致力追求的主轴，由于成长于纯朴乡下，自然对于简化整合人性需求更为精准，设计朴实不夸饰，精进无毒施工方法及研究工程环保控制。

公司擅长以色彩铺陈空间产生的故事，也会适度保留空白，让业主以未来的生活情感填满房子，经过时间来产生独一无二的案件。

CONCEPT 北欧建筑

“改变”是 CONCEPT 北欧建筑的初衷；“让空间返璞归真”是 CONCEPT 北欧建筑的目的。曾经，空间设计产业是地球资源耗损的帮凶，我们拆除、重制、包装。为了追求美感，我们不断在丢弃与制造中轮回。如今，空间设计产业应是绿化地球的推手。在 CONCEPT 北欧建筑的观念里，建筑，不应该是盖一个房子让人进去住，而是依照人的需求建造一栋房子。同样道理，对于室内设计也是一样。“家”是用来乘载人的生活。而“生活”，是一个复合性的概念。要懂得将业主的生活融入设计当中，要懂得将建筑与在地人文结合，设计师需要的不仅仅是空间美感，所有生活的食、衣、住、行，环保与工程，自然与城市，全都要考虑到，并且在所有设计从 0 走到 1 时，就要全面整合性得考虑。将人的感性与空间的理性结合，CONCEPT 北欧建筑从一个深邃的原点，逐步地诠释关于空间的故事。

陆希杰

陆希杰设计师，东海大学建筑系毕业，1993 年取得英国 AA 建筑联盟硕士学位（校友：Zaha Hadid、Rem Koolhaas 等），在英国期间曾于 Raoul Bunschoten 事务所担任设计师。回来后，成立 CJ STUDIO，投入建筑、室内、家具、产品等设计领域。2003 年成立个人品牌 shichieh lu 系列家具及生活产品。曾获得台北国际建筑设计竞图并列首奖、“DESIGN HOTELS”国际设计饭店入选、日本 JCD 设计大赏、国际室内设计联盟 IFI 2007 设计金奖、TID 住宅空间金奖与金点设计奖等奖项。2008 年参展第十一届威尼斯建筑双年展之台湾馆及台北当代艺术馆第六届行动艺术节展出黑暗城市 + 城市之眼展览。

获奖纪录：
2018 年 宁波大学科学技术学院特聘教授
2017 年 交通大学建筑研究所兼任副教授
2017 年 台南应用科技大学室内设计系兼任副教授
2017 年 宁波大学科学技术学院特聘教授

欧米设计

OME
ome-design.com

我们重视演绎设计哲理与文艺内涵。设计的价值，是让人体验与感受所要的意念表述或人文气息。透过设计，同一空间，可去情感以冷峻的方式，描绘人与人之间的疏离、冷漠及生命的空洞虚无，但也可充溢人文情感，表达对人间相处靠近的向往、真诚及追求生命价值的热度，于岁月光影下，回思共同生活的空间，彼此留下的足印记忆。

欧米设计，尝试以哲理思维，看待设计的原质。

墨比

“家，让我们可以用最自在的态度仰卧其中。”

墨比空间设计是一群对设计很有热情的年轻人所组成的团队，感谢创作的一路上，业主对我们绝对的信任与互动，今后，墨比空间设计也将秉持一贯对设计坚持的态度作为回报，谢谢你们喜欢我们的作品，期待有机会一同打造属于你的家。

盛利

盛利 S&L 设计品牌创始人兼创意总监、生活美学家、美食家、创意美学导师、中华传统建筑风水、传统生活方式研究者、南京本土最具商业价值和文化价值的原创设计师、毕业于南京艺术学院艺术设计专业。

设计理念：
无感悟不设计，观察，发现，探索，感悟和创造。将感受转化为可以亲身体验的室内设计空间，看似一份简单的工作，背后去蕴藏着我对中国传统历史的感悟，我想通过我的作品去告诉所有人我是怎么看待这个世界，我相信能够触动自己灵魂的作品，才能更好地触动别人的内心。

获奖纪录：
2015 年 金创意奖国际空间设计大赛会所空间类 - 银奖、年底十大最具影响力设计师
2015 年 中国（南京）室内设计总评榜年度零售空间设计奖

熊真真

熊真真，JULIE 软装品牌创始人、创意总监。

设计理念：
十年的硬装设计工作让我深刻体会，仅有硬装设计会缺少情感，不能完整的表达不一样的生活方式。为了让设计更完整落地，听从自己内心的声音，于 2012 年创立了自己的软装设计工作室，开始全案设计及精装房的整体软配设计，用自己的方式去热爱生活，坚持做不将就的设计。忠于自己的兴趣，享受生活、享受设计、享受艺术。

温州大墨设计

温州大墨空间设计有限公司是一家专业设计公司，设计范围涵盖住宅，地产样板间，办公、餐饮、酒店，及商业等空间设计。公司从创始之初就确立“正直、诚实、责任、上进”为公司核心价值观，坚持对设计认真执著，坚守设计人职业道德，履行设计人社会责任，实现设计人的社会价值。

鸣谢

排列不分先后

相即设计

XJstudio | 相即設計
Living · Working · Shopping · 3D

“相即”是一个哲学性的词汇，含义非常深远；因此我想用另一个简明易懂的词来代替它，就想到了“吻合”这个词。明白的说，设计就是寻找“刚好合适”之事。——深泽直人

相即设计成立于2009年10月，以年轻、活力为号召，以创意、专业为本质，有别于样板化的设计，我们企图让每个作品都有它量身定制的价值，让企业、商业空间、私人住宅等得到最完善的服务与咨询。

获奖纪录：
2017年意大利 A' Design Award 设计大奖 室内设计类别银奖及铜奖
2016年德国红点设计大奖 室内设计类别红点奖
2015年台湾室内设计大奖 居住空间单层类 TID 大奖
2014年得利空间色彩大赏 公共空间组铜奖
2013年中国室内设计师黄金联赛年度十佳设计师

陈昌华

CIDI 中国室内设计协会会员，IFI 国际室内设计师室内建筑师联盟会员。

获奖纪录：
2015年当代空间设计大奖 - 最佳年度设计师
2016年中国室内设计行业 - 年度杰出青年设计师奖
2017年红棉中国设计奖 - 最美雅奢空间设计奖
2017年 IDS 大奖 - 年度居住空间设计优秀奖

设计理念：
一个好的设计源于生活的阅历、感官体验和内在素质。始终保持敏锐的观察力，对身边一切充满好奇，忠于探索又勇于创新，反复论证，择优方案，并付诸现实。化繁为简，营造优雅及放松的舒适氛围。从长远的生活角度出发，尽一切努力满足生活功能，让设计回归生活本质。

维耕设计

以建筑及室内为主要业务，着重于空间设计上的场所精神。专业的规划建议与理性的沟通讨论是我们执业的态度。提供各类型空间规划整合与工程管理，一体性的从概念发想到构筑完成。设计，对我们说，是个人生活态度和美学风格的延伸与体现。不拘泥于特定形式风格，依个案从动线、功能、光影、比例、肌理、虚实等，各向度全面思考与检讨。希望能替每个独特的空间与业主，塑造功能与美感两者完美融合的空间场域。

十颖设计

W&Li Design 十颖设计从真实的生活经验开始思考和感受，仔细了解使用者真正的生活需求，并保留不同成员的个性和喜好，透过设计整合呈现。本于建筑、空间及室内设计领域的知识与资源，结合设计者、艺术家及文化工作者等，挖掘国内外各角落累积的文化资产，将传统技术、工业设计、软件等跨领域专业转化为空间美学的能源，激发人们对生活美学的想象与实践，建构全新的设计思维。

文青室内设计机构

文青设计
WENQING DESIGN

文青室内设计机构成立以来一直致力于建筑及室内空间的设计和研究，以为客户提供高水平设计服务为目标。依客户所需，对每项任务均认真研究，强调创意，不断进取，并以全方位的服务创造高素质的人性空间。

以勒室内设计工作室

以勒室内设计工作室建立于2006年，于2013年正式成立成都以勒室内设计有限公司，主要致力于住宅、接待中心、样品间的空间营造。从硬装到陈设都有着非常丰富的经验，准确的商业设计定位、格调定位、审美形式定位、价值定位等全方位设计服务。

特别感谢以上设计师与设计公司的一贯支持
并为本书提供优秀的作品。
如有任何疑问或建议请联系：2823465901@qq.com
QQ：2823465901
www.hkaspress.com

图书在版编目(CIP)数据

极简主义设计. 2 / 先锋空间编. -- 武汉 : 华中科技大学出版社, 2019.6
ISBN 978-7-5680-5247-4

Ⅰ. ①极… Ⅱ. ①先… Ⅲ. ①室内装饰设计 Ⅳ. ①TU238.2

中国版本图书馆CIP数据核字(2019)第099510号

极简主义设计 2
JIJIAN ZHUYI SHEJI 2

先锋空间 编

出版发行：华中科技大学出版社（中国·武汉）
武汉市东湖新技术开发区华工科技园
电 话：(027) 81321913
邮 编：430223
出 版 人：阮海洪

责任编辑：周怡露
责任校对：周怡露
责任监印：朱 玢
装帧设计：先锋空间

印 刷：深圳市雅仕达印务有限公司
开 本：1020 mm×1440 mm 1/16
印 张：22.5
字 数：216千字
版 次：2019年6月第1版第1次印刷
定 价：488.00元

投稿热线：(010)64155588—8000
本书若有印装质量问题，请向出版社营销中心调换
全国免费服务热线：400—6679—118 竭诚为您服务